私に触れたぞうたち

坂本小百合

動物好きの少女が、動物園の園長になりました

人間がゾウを飼い慣らし、家畜としてともに暮らせるようになった正確な時期は、わかりません。一説には十六、十七世紀といわれていますが、それよりも古いアジアの遺跡にはゾウの壁画やレリーフ、石像が遺っていますし、紀元前三世紀から二世紀に活躍したカルタゴの将軍ハンニバルの時代、すでにゾウは兵器として使われていたそうです。

敵対したローマ軍は、巨大なゾウを見てさぞかし驚いたと思いますが、もしこのときのゾウが野生のゾウだったとしたら、操縦できない戦車のようなもので、それでは大した役にも立たなかったはずですから、人間は紀元前の昔に、ゾウを兵器にできるくらいに飼い慣らしていたといえるのです。

確かなことがほとんどわからないゾウと人間の歴史ですが、一八〇〇年代初頭になると興味深い史料が見つかっています。例えばインドでは、ゾウが怪我をしたときには傷口をお湯で洗って油を塗る、炎症には血のしたたる新鮮な鹿の生肉を貼る、眼病の際には目を牛の乳で洗う、また病気によっては赤ワインをかけるといった治療法が記録として残っています。

民間療法というのは、科学万能の現代人からすると信じがたいものですが、興味深いのは現在でも「市原ぞうの国」のゾウが腹痛を起こしたとき、タイ人のぞう使いは、アルコール度数の高い酒を口に含み、霧吹きのようにしてゾウに吹きかけるのです。日本人の獣医は、そんなぞう使いの行為を見て首を傾げます。しかし、お酒を吹きかけられ、山桃の葉を与えられたゾウは不思議と元気を取り戻し、腹痛も治ってしまい、さらに首を傾げることになるのです。

インドとタイでは民族も言語も宗教も歴史も違うのに、ゾウの病気や怪我への対応法に似たものがあると

ゆめ花と私

いうことは、やはり東南アジアにおける人間とゾウの歴史が、現在のインドやタイといった国の歴史より、はるかに古い昔から存在していた証拠といえるのではないでしょうか。たまたま迷子になった子ゾウを保護して飼育するうちに、力持ちのゾウを利用することに気付いた人間は、土地の開墾、伐採した巨木の運搬、大きな石の移動など、非力な人間にはできない作業をゾウにさせるようになったのでしょう。

最初はウマのようにゾウに乗り、口にくわえさせたハミと手綱を使い、右、左、進む、止まる、後退するといった基本動作を教えたのかもしれません。しかしゾウの長くて器用で強靭な鼻を使い、さまざまなものを持ち上げ、降ろすといった作業をさせるには手綱だけでは無理があります。

当時の人々はいろいろな試行錯誤を繰り返すうちに、ゾウの頭の良さを知り、最終的に行き着いたのが、言葉とコウという手鉤を使い、ゾウの体のツボを押すだけで自由自在に動かせる、コミュニケーション法だったのでしょう。

ゾウの持つ能力を使いこなし、家畜として共棲するようになった人間は、ゾウを便利で有能な労働力としてだけでなく、巨体と怪力を利用した兵器にまでしてしまうのです。しかし文明が発達し、時代が変わると、ゾウと人間の関係も大きく変化します。

機械の発達によって、ゾウは労働力としての家畜という立場から解放されます。一方、地上最大という巨体の物珍しさから、世界中のサーカスや動物園で見せ物にされます。また、ゾウの従順で穏やかな性格や頭の良さを利用して、さまざまな芸を仕込むことで、単なる見せ物ではなく、人間を癒して喜ばせてくれるスターとなっていきます。

私が幼い頃によく行った横浜市の野毛山動物園にもアジアゾウがいました。当時はゾウ舎の平坦な運動場に、高さ五十センチほどの頑丈な丸台が置かれていて、ゾウが腰掛けたり、昇り降りをしたり、前肢をのせて後肢だけで立つといった芸を見せてくれ、子供たちの拍手喝采を受けていました。しかし、いつの頃からか、動物園のゾウが芸を見せるのはよろしくないという風潮が高まり、いつしかゾウ舎から丸台は撤去されることになってしまうのです。

最近、動物園では人間の安全確保のために、間接飼育といって、なるべく動物に接触することなく飼育する方法がとられるようになっています。より自然に近い形で飼育しようという考え方なのでしょうが、私はその考え方に大きな疑問を持っています。

まずいえることは、自然のメスのアジアゾウは、母系の数頭の群れを作って集団で暮らし、オスは十歳くらいで群れから離れ、単独での暮らしを始めます。ところが日本の多くの動物園では、戦後、単独生活に慣れたオスではなく、ほとんど集団生活しか知らないメスゾウを飼育してきたのです。

次に森林で暮らすアジアゾウは、一日に二、三時間の睡眠を交代でとりながら、エサや水を求めて山谷やジャングルを何十キロも移動します。つまり、毎日大変な運動をしているのです。そんなアジアゾウを動物園の狭くて平坦なゾウ舎で何年も飼育すれば運動不足になり、あの巨体を支える四肢は人間の想像以上に弱くなってしまうのです。

オスゾウは二本の後肢で立ち上がることもできなくなり、そうなると交尾する能力も失ってしまうのです。スイスのチューリッヒ動物園では、オス・メス八頭のアジアゾウを間接飼育するために、東京ドーム二個分にあたる一万一千平米もの敷地を使った「エレファントパーク」という施設を作りました。

この施設には、皮膚の乾燥や防虫のために水浴びをするアジアゾウのために、四つのプールを用意し、水中での遊泳シーンを観察できるようにしています。しかも、ゾウが日常的に生活するエリアは巨大なドームになっており、タイでの温度や湿度、気温の変化はもちろん、タイのジャングルに生えている百種以上の植物を植えるなどの努力もしています。

「エレファントパーク」に、数百億円単位の莫大なお金をかけていますが、本当に「アジアゾウが暮らす、より自然に近い環境で飼育」するには、それぐらいお金がかかるということです。

日本の動物園には予算や敷地などさまざまな制約があり、チューリッヒ動物園の真似などできないことは当然です。しかしだからこそ、軽々しく「より自然に近い環境で飼育」などという前に、いまある環境内で、アジアゾウがなるべく運動できるような環境を作ったり、道具を与えるといった工夫に、知恵を働かせるべきだと思うのです。

私が幼いときに動物園で見た丸台にしても、芸を見せるための道具と一元的に捉えるのではなく、ゾウが勝手に昇り降りをしたり、足をかけたりして遊ぶことで、運動不足を解消する「おもちゃ」として捉える、フレキシビリティが必要だと思うのです。

日本に来るほとんどのアジアゾウは、生まれたときから人と生活し、飼育されてきた家畜で、自然環境での暮らしなどまるで知らないのですから。

タイで見ることができる、ゾウたちのさまざまな芸にしても、その多くは彼らが見せる自然な行動や運動を意図的に見せているにすぎません。絶滅危惧種のアジアゾウを飼育していながら、繁殖能力を奪う飼育法など本末転倒もいいところです。そうならないように、限られた空間でアジアゾウを飼育するためには、もっと知恵を働かせなければならないと思うのです。

例えば、赤ちゃんパンダの誕生にわく恩賜上野動物園では、中国の山奥に住み、かなりの運動をするパンダに、運動不足対策として飼育舎にはさまざまな遊び道具、運動具を設置しています。そういう道具を使って遊ぶパンダの楽しげで愛らしい姿が人気の要因にもなっているのです。

パンダが運動不足で後肢が衰え、交尾できなくならないようにする工夫もされています。例えばこれはテレビのニュース番組でも紹介されましたが、後肢で立ち上がらないと食べられない高さにエサを釣り上げたりします。こうして立ち上がらせることで、オスパンダの後肢を鍛える訓練をしています。

動物たちをより自然に近い形で、人間が接触することなく飼育しようという考え方はわかりますが、所詮、動物園は人間が作った環境にすぎません。私はこれまでに、二十センチの段差も越えられぬほど、足腰が弱っているゾウを何頭も見てきました。また、さまざまな事情で飼育できなくなり、私がお引き受けしてきたゾウの中には、高齢であったり運動不足のゾウもたくさんいました。

そういったゾウたちの状況をしっかりと見極め、個々の状況に応じた飼育法をとることで、「ぞうさんショー」に参加させ、皆様に元気な姿をお見せすることができました。運動不足で足腰が衰えてしまったゾウでも、お客様を楽しませ、癒し、喜んでいただける存在として再生させるさまざまな試行錯誤が間違いでなかったことの証明であり、その具体的な対応策をゾウを愛するすべての人々に伝えたいのです。

ミッキーと次女・麻衣　東金市の自宅で

私とゾウの歴史は、幼かった頃に野毛山動物園で経験したゾウとの出会いに始まります。とはいえ、子供だった私は、ゾウのあまりの大きさに驚くばかりで、一目惚れとか運命的出会いとか、全身に電気がビビビッと走ったわけでもありません。普通の人がそうであるように、それから大人になるまで、ゾウと人間の関わりや歴史、ゾウが何を食べるのかも知らずに成長し、よもや自分が二十八頭ものゾウたちと深い関わりを持つことになるなど、夢にも思わなかったのです。

私とゾウの運命的な出会いは、二児をもうけた最初の夫である男性モデルと離婚した後に、意外な形で起きました。

映画やテレビ、コマーシャルに出演する動物をレンタルするプロダクションを経営していた男性と再婚しました。そしてゾウの出演を依頼されることになります。私はゾウを飼っているサーカスや移動動物園と交渉し、ゾウを借り受けることでクライアントの要求に応えていたのですが、ある日、テレビのバラエティ番組の企画で、レギュラー出演するゾウを出演させてくれないかという依頼がありました。

レギュラー出演となると、毎回、違うゾウというわけにはいきません。だからといって、毎週、何日もゾウをレンタルさせてくれるサーカスや移動動物園もありません。

自分のゾウを手に入れるしかない。とはいえ、サーカスや移動動物園のようにインドやタイから輸入する方法はあっても、当時の私にはそんなルートも時間もありません。しかもゾウの輸入となると煩雑な手続きに時間がかかり、撮影にも間に合いません。そして購入したゾウが、現在も「市原ぞうの国」で活躍しているミッキーでした。すべては彼女との出会いから始まったのです。

それから三十四年、私は本書でご紹介する二十八頭のゾウたちと出会い、いまでこそ波瀾万丈と笑って振りかえることのできる人生を過ごすことができました。

確かに人との出会いや別れは、多くのことを学ばせてくれるものですが、二十八頭のゾウたちとの出会いと生活、そして別れを通じ、人とのそれでは得ることができない貴重な体験、喜びや悲しみという言葉では表せない複雑な感情など、多くのことを学ぶことができたのです。

ゾウは母系家族の群れで暮らしていますが、一頭のメスゾウが誕生して成長する過程で、交配、出産、育児を経ることで母となり、一緒に暮らしている他のメスゾウたちが母ゾウに何を教え、そんな親子とどう関わり、家族になっていくのか。私は「市原ぞうの国」での繁殖、飼育の成功によって、それまでは知らなかったゾウたちのさまざまな側面、真実の姿を知ることができたのです。

本書では、私が関わったゾウたちとの経験を通じ、これまであまり語られることのなかったゾウたちの、真の姿をお伝えできればと思います。

第一章　夢のはじまり

第二章　国内繁殖への挑戦

写真提供・市原ぞうの国、坂本小百合
（映画『星になった少年』写真のみ、フジテレビジョン）

第一章　夢のはじまり

○ミッキー　運命の出会いと調教

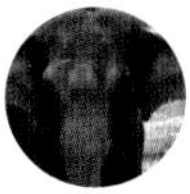

ゾウに触れたのは再婚してまもなくのことでした。場所は群馬県、群馬サファリパークで飼育されていたメスのアジアゾウで、エイリーメイという名前でした。アメリカ人調教師のピートさんが何か指示すると、それに忠実に従うエイリーメイは、私が幼い頃に、野毛山動物園や恩賜上野動物園で見てきたゾウたちとはまったく違う別の動物に見えたし、人間より賢いのではと思えたほどでした。

ここでゾウの調教について触れておきましょう。

人間はゾウに限らず、動物を飼い慣らし調教することにおいて、さまざまな道具を発明してきました。例えばウマなら、口に噛ませるハミとそれに繋がる手綱です。このハミと手綱によって人間はウマに跨り、走ったり、曲がったり、停まったり、まさに意のままで自由自在に動かすことができるようになったのです。

人間と共棲する歴史を歩んできたのは主にアジアゾウで、調教法はアジア式のようです。

インドやタイを中心とした、東南アジア圏で行なわれているアジアゾウの調教で特徴的なことは、コウと呼ばれる木の棒に金具を付けたL字型の「手鉤」です。この道具が発明された時期は不明ですが、現在に至ってもゾウの調教に欠かせぬ道具として使われています。

「市原ぞうの国」のぞう使いは、ゾウといるときには常にコウを携帯しています。木の棒に付けられた金属製の鉤の先端が鋭利に尖っていることから、先端をゾウの皮膚に突き刺して、その痛みでコントロールしていると思っている人が多いのですが、それは大変な誤解です。

基本的にコウは突き刺すのではなく、言葉をかけながらゾウの全身にあるツボに、コウの木製の柄を押し当てるようにして使います。先端を刺すときは不測の事態による危険が生じたときで、その危険からゾウと人間を守るための道具でもあるのです。

ゾウの皮膚はぶ厚くて強く、例えば爪楊枝を突き刺そうとしても簡単に折れてしまいます。ゾウの体重は三トンを超えますから、人間のような薄い皮膚では身を守るどころか、自分の体重を支えられずに裂けてしまいます。

特に東南アジアのジャングルに住み、食物や水を求めて移動を繰り返すアジアゾウの場合、植物のトゲや折れた枝が突き刺さるようでは命に関わります。ですからアジアゾウの皮膚は簡単に怪我をしないように厚くなり、鎧の代わりになっているのです。

しかしそんなゾウでも、全身鎧で覆われているわけではありません。例えば耳の後ろ、腋の下、目の回りといった皮膚は、柔らかくて敏感になっています。ここを実際に触ってみると、幸せな気持ちになります。ぞう使いたちはゾウの全身に点在する敏感な場所を知っていて、そこにコウの木製の柄や、人間の手足で軽い刺激を与えることで指示を伝えるのです。

最近、草原に身を潜めたトラが、突然、ゾウに襲いかかる映像をテレビで見ましたが、そういう緊急時には、言葉による合図では間に合わないことがあります。そんなとき、ぞう使いたちは、コウの先端を使って瞬時に緊急事態を伝え、ゾウの身を守ろうとするのです。

またゾウが何かに驚いたり、ショックを受けたりすると、パニックを起こして暴れ出し、コントロールがきかなくなることがあります。そんなときには、ゾウに対してコウの先端を使って、自分の身を守るのです。ゾウが家畜として人間と共存できるように考え出されたのが調教であり、コウはそういう人間とゾウの歴史を証明する道具でもあるのです。

市原ぞうの国では、タイ人スタッフがゾウを調教する姿を公開していますが、彼らとゾウはしっかりとした信頼関係ができているので、コウをほとんど使わずに言葉とエサによる反復練習によって行なっています。お客様がゾウに触れたり、エサを与えることもできますが、大きな事故を起こさずにこられたのは、そんなぞう使いたちの地道な努力と、ゾウとの間で築かれた信頼関係のおかげなのです。

一方、アメリカやヨーロッパでは、電気に敏感なゾウの特性を利用して、電気ショッカーによる刺激でコントロールしています。

日本の動物園でも、かつてのような鉄製の頑強な柵を設けず、人間には問題のない高電圧低電流の電気を流した電線で取り囲んでいることがあります。知能の低い動物は柵に触れてショックを受けても、同じことを何度でも繰り返すことがあります。ゾウは一度、柵に苦手な電気が流れていることを知れば、二度と近付こうとしないのです。つまりこのシステムは、ゾウの頭の良さを利用してゾウが柵外に出ることを防止しているのです。

しかし欧米人がゾウの調教に電気ショッカーを使うのと、柵に電流を流すことは根本的に違います。ぞう使いがコウを武器として使ったところで、ゾウを殺すことはできません。しかし電気ショッカーは電流の調整ができるので、最悪の場合にはゾウを感電死させることもできるのです。つまりコウと電気ショッカーは、ゾウの調教に対する東南アジア人と欧米人のスタンスの違いを如実に示した道具といえます。

そろそろ話を戻しましょう。

私は動物プロダクションの仕事としてゾウとの関わりを持ちました。松任谷由実さんのコンサート、ソニーのラジカセのＣＭなど、ゾウを使いたいという仕事が次々と舞い込んできたのです。私はそのたびに、移動動物園やサーカスからゾウを借りて出演させていたのですが、次第に私自身がゾウの魅力に魅入られ、「いつか私もゾウを飼えたらなあ、アリからゾウまで貸し出せる会社にできたらいいなあ」という夢が芽生えてきたのです。

とはいえ当時の私はゾウに関してまったくの素人で、ゾウを購入する方法はもちろん、何を食べているのかも知りませんでしたから、まさに少女のような夢を見ていたのです。そんな一九八三年早々、ＴＢＳテレビのプロデューサーから、

「今度、堺正章さんの司会で、『ＴＶジョーカーズショー』というバラエティ番組をやるんですが、そこにレギュラー出演させるゾウをお願いできませんか」

という依頼が舞い込みました。

通常、動物プロダクションではイヌ、ネコ、トリといった動物のレンタルが仕事の中心で、ゾウのような特殊な動物は当然ギャラも高く、それが毎週のレギュラー出演となれば、会社を飛躍させる大チャンスでした。三ヶ月間テレビにレギュラー出演となると拘束時間も長くなりますから、これまでのようなやり方は通じないし、私はとにかくゾウを手に入れなければならないとゾウ探しに走り回り、ついにアドベンチャーワールドがタイから輸入した二頭のアジアゾウのうちの一頭を譲ってもらえることになったのです。それが「ミッキー」でした。

私はいまから思えば奇蹟ともいえる幸運に舞い上がり、まさに有頂天になったのも束の間、先方から提示された金額に、再び現実に引き戻されてしまいました。

当時のお金で一千万円。アジアゾウがワシントン条約で絶滅危惧種に指定された現在では、とてもゾウを買える金額ではありませんが、一千万円というお金は当時の私にとって、右から左で用意できる金額ではありません。私は必死で減額交渉をしましたが、結局、一千万円のまま、ヒトコブラクダ（ハーマー）を一頭、おまけに付けてもらうことで合意に至りました。

東金市に到着したミッキー

長男・哲夢とハーマー

しかしこれで、すべて仕事が終わったというわけではありません。当時、会社があった千葉県の東金市にゾウが到着するまでに、ゾウ舎や運動場の建築、ゾウに関する基礎知識、飼育の基礎知識を一から勉強しなければならなかったのです。

言い訳をするつもりはありませんが、当時、次男の出産を控えた私は大きなお腹を抱え、主婦業と動物プロダクションの仕事をしながら、ゾウ舎と運動場の建築にとりかかりました。

地上最大の動物であるゾウを収容するには、どれくらいの広さが適当なのか、オリの強度は、役所との手続きは、費用は……とにかくわからないことだらけでした。飼育にしても、原産国と日本の動物園、サーカスでは、それぞれに違うエサを与えているし、何が正しくて何が正しくないのか、それすらもわからない状態でした。

そして一九八三年三月二十八日、ゾウの飼育や調教についての勉強にはまったく手が回らず、ゾウ舎も鉄骨部分ができているだけで、建物も運動場も未完成のまま、ミッキーを迎えることになりました。調教師の岩永さんの指示に従い、おずおずとトラックを降りてきたミッキーを見た私は、夢が本当に実現した喜びで胸がいっぱいになりました。

アドベンチャーワールドにて
ラリーとミッキー（奥）と岩永さん

しかし、いつまでも喜んでばかりではいられません。私はさっそく、岩永さんにミッキーのエサについて質問しました。すると一日キャベツをいくつ、ニンジンを何kg、バナナを何本といった、タイのジャングルにいるゾウたちが聞いたら、さぞかしびっくりするようなメニューでした。

私自身、動物園で飼われているゾウが乾し草を食べ、サーカスではジャガイモを与えていたことを目にしていたので、一日一万円を超えてしまいそうなメニューに、私の夢心地は吹っ飛んでしまったのです。

ゾウの価格、ゾウ舎や運動場の建設費、輸送用トラック、そしてエサ代……。

自分のゾウを飼うという夢が実現したものの、イヌやネコを飼育するのとは次元の違う現実の厳しさに、私は頭を抱えてしまったのです。それでもなんとか、三ヶ月におよぶテレビの撮影を無事に終えることができたのですが、ミッキーが私の用意したゾウ舎や運動場にも慣れた頃、事件は起きました。元気いっぱいだったミッキーが突然、エサを食べなくなり、糞もしなくなってしまったのです。

私はすぐに知り合いの獣医さんに連絡してミッキーを診てもらいましたが、獣医さんにしても、ゾウの診断は初めての経験です。結局、何が原因かわからず、ミッキーがいたアドベンチャーワールドに連絡して、獣医さんを派遣してもらうことになりました。幸い、すぐに腹痛であることがわかり、注射一本でミッキーは快方に向かったのですが、私は背筋が凍る思いでした。

可愛がっている動物が苦しむ姿を見れば、動物好きなら誰でも思いは一緒です。しかし私は、ミッキーに対して、イヌやネコの場合とは桁違いの莫大な投資をしていましたし、その支払いの一部が未だ残っていたのです。日に日に病状が回復するミッキーの姿に、私はほっと胸をなで下ろす一方で、動物プロダクション事業にとって飼育する動物たちは、可愛がるだけのペットではなく、お金を稼いでくれる経済動物ということを思い知らされた出来事でした。

このミッキーは、私が面倒をみることになるゾウたちと、私たち人間との関係を取り持ってくれる、大切な役回りを担ってくれることになります。この年の七月六日に次男の峰照が生まれたのですが、退院した私が峰照を抱いてミッキーのところに行くと、鼻先でおくるみが真っ黒になるほど撫で回してくれました。

私はいつかミッキーにも子供を産ませてあげたいと思いました。

◯ライティ

翌年の一九八四年、終戦四十周年の企画ということで、太平洋戦争下の日本を舞台にした人とゾウの物語である『子象物語—地上に降りた天使』（東宝一九八六年七月二十六日公開）という映画が制作されることになり、出演するゾウの依頼を受けました。

「アリからゾウまで」を宣伝文句にしている動物プロダクションとしては、お断りするわけにはいきません。私は快諾させていただきましたが、問題は主役の子ゾウが日本のどこを捜してもいないことでした。私は前夫とともに、考えつくあらゆる手段を使って子ゾウを捜したのですが、どうしても見つからず、外国から輸入せざるを得ないという結論に達しました。

友人知己を頼り、タイ王室とのコンタクトをとれたことで、なんとか二頭の子ゾウを譲ってもらえることになり、二頭の子ゾウの輸入契約も無事に終えることができたのですが、いよいよクランクインという三月になっても、タイから子ゾウが到着しないのです。

購入を決めたライティという子ゾウがいる、バンコクのドゥーシット動物園に電話しても、いつ出発できるかわからないの一点張りで、結局、調教師のノイさんとともに成田に到着したのは、東宝のクランクイン発表前日の夕方六時、ライティはそのまま東京の東宝撮影所に入所するというドタバタぶりでした。

タイ人のノイさんは日本の事情に疎く、撮影所が湘南動物プロダクションと誤解して、すごい会社だと感心したそうです。しかし悪いことは重なるもので、撮影所のオリに入ったライティが、すぐに鉄柵の間に首を突っ込んでしまい、大騒ぎになってしまったのです。

私たちはそれを外すためにライティの首に油を塗り、なんとか柵から頭を外すことに成功したのですが、クランクイン発表会場に姿を見せたライティの顔は油で真っ黒でした。

奥はミッキーが落ちたプール　手前はライティ

『子象物語』はのっけからそんなドタバタぶりでしたが、ライティが主役でミッキーが母親役となり、いよいよ撮影が始まりました。そして撮影が順調に進む中、今度はミッキーが事件を起こしてしまったのです。

撮影セットは「ゴジラ」のスタジオを改装して作られていたので、近くに巨大なプールがあったのですが、そこにミッキーが落ちてしまったのです。さまざまな水中撮影用に作られたプールですから、深さは三メートルもあるのに、プールに出入りする段差もなく、しかも落ちたのはゾウです。映画の撮影所には、ミッキーを引き上げられるようなクレーンもありません。

ミッキーは鼻をプールの縁にかけて、沈まないようにしていましたが、このままではいつまでも保てるはずがありません。消防署に連絡してプールの水を抜いてもらい、エサとして運び込んでいた大量の乾し草と大道具の板を使って段差を作り、五時間後、なんとかミッキーの救出に成功することができました。

動物と仕事をしていると、予想だにしない事件が起きるものです。いまから思えばすべていい思い出ですが、本当のことをいえば苦労だらけだった撮影が終わると、子ゾウのライティには、さまざまな仕事が待ち受けていました。

プロ野球の始球式をやったゾウは、後にも先にもライティだけです。

ライティ始球式

○ミニスター

日本の生活にも慣れたライティは、優しくておとなしいミッキーと次々と仕事をこなしてくれましたが、翌一九八七年、ライティがノイさんとともに、東山動物園五十周年の記念イベントに参加しているときのことです。

タイでライティと一緒に購入したもう一頭の子ゾウ、ミニスターがようやく日本に到着したのです。ミニスターはまだ二歳でしたので、トラックから降りてゾウ舎に行くと、おっぱいを求めてミッキーのお腹の下に潜り込む始末です。

ライティがいない寂しさもあったのでしょうが、ミッキーはミニスターと目が合うなり、自分が産んだ子でもないし、お乳も出ないのに、お乳を吸いに来たミニスターを抵抗なく受け入れました。

ゾウは母系の群れで集団生活を送りますが、ミッキーがまったく血のつながりがあるはずもない、ミニスターを瞬時に受け入れた理由はわかりません。ミッキーはその後、「市原ぞうの国」に来るゾウたちのリーダーとして、いまも頑張ってくれていますが、私はこのときにミッキーが見せた対応に、彼女の本質を見た気がしました。

以来、ミッキーとミニスターは、強い絆で結ばれることになるのですが、私とミニスターとの出会いは、タイ東北部の「魔の三角地帯」と呼ばれる、麻薬のヘロインの原料になる芥子の花の栽培地帯でした。

一般人が足を踏み入れるような場所ではないことは私もわかっていましたが、そこに子ゾウがいるという情報を得た私は、危険も顧みずに友人の越智さんと長男の哲夢、哲夢がタイにいたときに生活をともにしていた警察官のバンチャさんとともに、銃で武装した護衛に守られながら子ゾウを捜しました。

いまから思えば冷や汗ものの経験でしたが、そうやってようやく出会ったミニスターには、ひとつ重大な問題がありました。ミニスターの母親は、片方の視力を失った隻眼《せきがん》のゾウだったのです。

タイでは言葉を中心にしてゾウを調教しますが、どうしてもいうことをきかず、調教師が身の危険を感じたときには、柔らかくて敏感な目の周囲をコウで叩くことがあり、その際に何かの加減で目を傷つけてしまうことがあるのです。ですからタイ人に飼育されている隻眼のゾウは気性が激しく、調教の過程で人間のいうことをきかずに、視力を失ったとも考えられるのです。

上．ミニスターと母ゾウ

下．（左から）ライティ　ミニスター　ミッキー

目の前にいるミニスターは可愛い子ゾウですが、私はそんな母親の気性を受け継いでいるのではないかという一抹の不安を抱きました。それでもあのときは時間に追われていたこともあり、私はミニスターの購入を決めました。

ミニスターは来日以来、現在も「市原ぞうの国」で元気に過ごしていますが、これまでに何度か、ミニスターが母親から受け継いだと思われる気性の荒さを見せたことがあります。幸いぞう使いの手に負えないというほどではなく、ミニスターの母親のように視力を失うことはありませんでしたが、見た目ではわからないゾウの気性の難しさを教えられました。

ゾウには激しい気性もいれば、おっとりしていて人間に従順だったり、神経質でしょっちゅう疝痛を起こしたりといった個体差がありますが、人間がそうであるように親の気質や性格は、ゾウでも遺伝するのではないかと思うようになりました。

○ライティの死

ミッキーとライティ、ミニスターといえば、忘れられない思い出があります。

ミニスターが来て、ライティが東山動物園から帰ってすぐのことですが、私はミッキーとライティ、来園したばかりのミニスターを連れて勝浦の海岸に行き、ゾウが泳ぐシーンの撮影をしました。これは後で知ったことですが、ゾウの水泳を撮影した映像は、このときが世界で初めてのものだったそうです。

ミッキーは東宝の撮影所のプールに転落したことで、泳げることは確認できていましたが、ライティもミニスターも泳ぎを教わったことのない子ゾウです。しかもまだ夏前で海水浴客もいない海の水は冷たく、はたしてゾウたちが喜んで泳いでくれるのか半信半疑の状態でした。

海水浴を楽しむライティ

実際、ミッキーもライティもミニスターも、初めて見る海に最初は戸惑っているようでしたし、どうなることかと私も内心冷や冷やものでしたが、海に入るとじつに楽しそうに泳ぎ始めたのです。

それ以来、私はゾウが泳ぐことが好きだということを知り、ゾウたちを海に連れて行くことになります。しかし、二〇一一年三月十一日の東日本大震災以来、「楽しく生きる」をモットーとしてきた私は、この行事を中止しています。再びゾウたちが海に行ける日が、早くきてくれればと思いますが、あのときにテレビで見た悲惨な海の映像が未だに私の脳裡から消えず、ゾウたちと海水浴を楽しむ気にはなれないのです。

私が動物園を開くことになったのは、動物プロダクション経営の中で、ほとんど注目もされず、一生の大半をケージの中で過ごし、亡くなっていく動物たちの多さに気付いたことがきっかけでした。

これは前著の『小百合物語』の中で詳述しましたが、私は元モデルでした。モデルになったのも楽しく生きたかったからで、前夫と再婚したのも、動物好きで動物プロダクション経営が、楽しそうに思えたからです。しかし何年かするうちに、所属している動物たちの過酷な運命が気になり始めたのです。

脚光を浴びた動物たちは、おのずと扱いが丁寧になるし、彼らも楽しそうに生活しています。しかし動物たちの中には、一回もカメラを向けられることもなければ、イベントに参加することもなく、狭いケージの中で一生を終えるものが少なくないのです。

そんな動物たちがケージから解き放たれ、人間と関わりながら楽しく生きる環境ができないものかと真剣に考えていたのです。

一九八六年、自然を求めて市原に土地を購入し、私なりに考えた動物たちの暮らし作りに着手しました。

ミッキーやライティが活躍し、動物が出演するテレビ番組やイベントも多くなり、会社の経営も右肩上がりになっていましたし、ミニスターの来日も重なり、まさに有頂天で動物プロダクション経営と動物の楽園作りに邁進していました。しかし、好事魔多しといいますが、八月十八日、可愛かったライティが突然亡くなってしまったのです。

原因は寄生虫でした。動物を扱う仕事をしていれば、人間より寿命の長い動物は滅多にいませんので、多くの動物たちの死と立ち会わなければなりません。プロとして、そういう動物の死に立ち会い、心構えもできていたつもりなのですが、

「ようやく三頭になったのに……」

と、私の心にぽっかりと大きな穴が開いてしまったのです。

別にゾウを三頭にすることが夢だったわけでもないし、こだわりがあったわけでもありません。理屈ではなく、ただ亡くなったライティをあきらめきれない思いに打ちひしがれてしまったのです。

○ランディ

いつまでもライティの死に、落ち込んでいるわけにはいかないと、頭ではわかっているつもりでも、どこか業務に身が入らない日々を過ごしていたある日、電話がありました。

名乗った男性は見ず知らずの人でしたが、話を聞いてみると、

「経営に行き詰まったサーカスに、飼っていたゾウを担保にしてお金を貸したけれど、お金を返してもらえないので、担保のゾウを買い取ってくれないか」

ということでした。ようするに電話の主は金融業者で、たしか金額は三百五十万円でした。買う買わないは別にして、ともかくそのゾウを見に行くことにしました。リンダと名付けられたゾウを見て愕然としました。

リンダは元気もなく、ここまでボロボロになるのか感心したくなるほど汚れ、垢だらけのみすぼらしいゾ

ウだったのです。

サーカスにいたゾウは、お客さんやスタッフが食べ残した弁当や残飯を与えられるなど、厳しいエサの管理がされていないという話を聞いたことがあります。エサの中にプラスティックやビニールが混ざっていたとしても、ゾウは気付かずに食べてしまい、そのビニールの誤食が原因で亡くなることがあるのです。

目の前にいる哀しげでみすぼらしいリンダの元気のなさは、そういったことが原因かもしれないと勝手に思い込んでしまったのです。私の勘が正しければ、大金を払って購入しても、リンダはすぐに死んでしまうかもしれません。しかし買わなければ、金融業者が所有者となっているリンダに、いったいどんな運命が待ち受けているのか。

リスクを承知でリンダを救いたいと思いました。それに私自身が、いつまでもライティを失った哀しみに打ちひしがれているのではなく、ライティの死で得た経験や知識をゾウの飼育に生かすためにも、リンダを購入することにしました。

そして亡くなったライティに合わせ、リンダという名前をランディにかえることにしました。

いまから思うとミッキーとの出会い、ミッキーとミニスターの出会いは運命を感じずにいられませんが、ランディにとっては哲夢との出会いが、まさに運命的な出会いだったと思います。

東金に運ばれてきた薄汚くてみすぼらしいランディに、タイ語で話しかけながら近寄る哲夢に、ランディは自分から鼻を寄せました。あのときの哲夢は、日本で誰よりもゾウを愛していたと思いますが、プロのぞう使いとして、ダメなものはダメといえる厳しさも持ち合わせていました。

ですからランディを見た哲夢が、何をいうか気が気でなかったのですが、それは杞憂に終わりました。

哲夢はその日からランディの世話にのめり込み、ランディも見る見る奇麗になって元気を取り戻しました。

そしてランディが、ミッキーやライティ、ミニスターとは違った意味で、哲夢のいうことをなんでも理解

上．サーカスで活躍していたランディ
下．東金市の家の前で　ランディ（左）とミニスター

できるゾウということがわかってきたのです。

サーカスで飼われ、芸をするたびにお客さんの拍手喝采を受けてきたランディは、唯我独尊のスターだったと思いますが、それ以上に人間との関係を十分に理解している、きわめて安心できるゾウだったのです。

ランディを購入したことで、私はライティを失ったショックからなんとか立ち直ることができましたが、そうはいかなかったのがミッキーとミニスターでした。

二頭とも見るからにふさぎ込んで元気がなく、すでに決まっていた福岡の博多どんたくで、ミッキーをパレードに参加させようにも、とてもミニスターと引き離せる状態ではなかったのです。

仕方なくミッキーの代役に、サーカスにいて移動に慣れているランディを連れて行こうと哲夢に相談したところ、哲夢は「ママ、何を心配しているの」という顔で快諾してくれました。

おかげで一安心することができたのですが、博多に向かうフェリーの中ではシャックルという器具を使い、扉や足の鎖を止めていました。ところがランディは、ネジを鼻で器用に回して鎖を外し、扉を開けてしまったのです。

さすがにドアから出られないように渡されていた、中棒を外すことはできなかったようですが、いずれにしても船内はてんやわんやの大騒動、スタッフは冷や汗ものだったそうです。このとき私は飛行機で移動していたため、現場を見ることはできませんでしたが、後で報告を聞いた私は、ランディが見せてくれた器用さと頭の良さに舌を巻きました。

たくさんのイベントに出かけては、多くの子供たちに夢を与え続けてきたランディと哲夢の物語は、後に『星になった少年』として映画化され、テレビでも放映されたので、ご存知の方も多いと思います。

そのランディも、映画『子象物語―地上に降りた天使』のために来日して人気者になったライティが急死しなければ、出会うことはなかったと思うと、ライティが引き合わせてくれたランディとの不思議な縁を感

上. ミニスターのボール遊び
下. もう一度３頭になった　(左から)ミニスター　ミッキー　ランディ

じずにはいられません。

ランディが新たな仲間に加わり、社業も順風満帆、市原の「山小川ファーム」の開設に専念することができました。

そしてゾウ舎が完成し、ミッキー、ミニスター、ランディの三頭が市原に引っ越したのは、開園を目前に控えた一九八九年、四月のことでした。

しかし実際のところは、開園前だというのに未完成のところだらけ。

私もスタッフも連日夜遅くまで仕事が続き、注文した店屋物の丼が山のように積まれる始末でした。

ミッキー、ミニスター、ランディの三頭が引っ越したために、主のいなくなった東金市のゾウ舎に日立市のかみね動物園より引っ越してきたのがカバのヒッポでした。

ある日の夜、あまりにイヌたちが吠えるので様子を見に外に出ると、ゾウ舎にいるはずのヒッポが、フラミンゴ舎とトラ舎の前で悠然と散歩していたのです。

ゾウ舎を作った当時、ゾウ飼育のイロハも知らない私は、ゾウが抜け出せなければいいという程度で、鉄製の柵の高さや幅を決めていたのですが、まさかカバがその鉄柵の下をくぐり抜けるとは夢にも思っていなかったのです。

いまだから笑い話として話せますが、カバは愛嬌のある容貌からは想像ができないくらい、活発で凶暴な一面を持っています。走る速度は時速四十キロ、これは百メートルなら九秒台というウサイン・ボルト選手よりも俊足で、アフリカで起きる動物との事故で、人間が一番犠牲になっている相手がカバなのです。

私たちは慌ててゴルフ用のネットや板でヒッポを取り囲み、なんとかゾウ舎に押し返すことができて、ことなきを得ましたが、翌日は朝からゾウ舎の改造に取り組んだことはいうまでもありません。

○日本人調教師とぞう使い

ゾウの飼育に欠かせないスタッフといえば、ぞう使いと呼ばれる調教師です。動物園に到着したゾウをトラックから降ろし、安全にゾウ舎に運び込むには、調教師の手を借りなければなりません。

現在、ゾウ飼育の歴史が長い、タイやインドといった東南アジア出身の調教師がほとんどで、日本人の飼育係はいても、調教師は数えるほどしかいません。もっとも日本には、ゾウの調教師を養成する機関も環境もありませんから仕方のないことなのですが、若者がゾウの調教師になりたいと思ったら、東南アジアに留学して教育を受けるしかないのが現状なのです。

亡くなった私の長男の哲夢が、タイに留学してぞう使いになったことをご存知の方は多いと思います。当時、哲夢は中学生で、ぞう使いになりたいと思っても、言葉すら通じないというのが現実でした。

普通なら、タイ語を覚えてから留学という順番なのでしょうが、無謀にも中学生の哲夢はそんな順を踏むより、ひとりでタイの調教師養成所に飛び込み、語学と調教法を身につけようとしました。

幸い、哲夢のチャレンジは結果として成功しましたが、いまから思えば奇蹟にも思えるし、哲夢も母親の私もずいぶん無茶な決断をしたものだと思います。

それはさておき、「市原ぞうの国」を運営するにあたり、多くのぞう使いたちと接してきました。

彼らの多くは哲夢のようなゾウ好きというより、ほとんどが生きるためにぞう使いになった人たちで、日本に来たのもお金が目的です。ですから国籍は皆タイだし、調教の具体的な方法や操縦法は一緒でも、ゾウに対する考え方にはずいぶんと差があるようです。

そんなぞう使いを何百人も見てきて思うことは、臆病でどこか心の底でゾウを恐れているぞう使いほど、ゾウを痛めてしまうということです。

イヌやネコの調教でも、動物に舐められるということをいいますが、ゾウはそんなぞう使いの恐怖を見透かしているような気がするのです。

逆にボスとして毅然とした態度でゾウと対峙し、ゾウとコンタクトできて積極的に対話しようとするぞう使いには、ゾウは決して逆らおうとしないし、結果として調教でゾウを痛めることのない、ゾウにとっても良いぞう使いだと思います。

しかし私はそんなタイ人のぞう使いに、いつまでも頼ってばかりいるわけにはいかないと思っています。なぜならタイでは近代化が進み、労働力として使われてきたゾウが機械に取って代わられ、ぞう使いとともに失職しているのです。

チェンマイでは、仕事を失った調教師が街頭でゾウに芸をやらせ、お金を稼ぐ野良ゾウが深刻な問題になっています。タイ政府もそんなゾウたちの保護に力を注いでいますが、このままいけば近い将来、ゾウよりも先にぞう使いたちの絶滅が危惧されているのです。

日本ではゾウの飼育と繁殖を余儀なくされ、ゾウの調教師への需要が増す一方なのです。

明治維新の頃、日本人は海外から「お雇い外国人」という技術者を雇い、日本の近代化を推し進めたそうですが、ぞう使いはまさに「お雇い外国人」の先生で、一生、日本にいてくれるわけではないのです。

ゾウにとっても人間にとっても、良い日本人調教師を育成しなければいけない時期がきていると思います。

ただ思うことは、亡くなった哲夢は例外なく、ことあるごとにゾウと会話していました。

ゾウと会話するといっても、それは言語によるものではなく、心の中で感じるテレパシーのようなものです。先日、ゾウ同士のコミュニケーション方法としての低周波を研究している方が、たくさんの測定用機材を持って「市原ぞうの国」で実験を行ないました。

タイで修行中の哲夢（赤いターバン）

クジラが仲間と低周波でコミュニケーションしているという話は有名ですが、ゾウも同じなのではないかと研究しているのです。

このとき、私の姿を見たミッキーが、しきりに発している低周波が測定されました。低周波が聞こえるわけではありませんが、私はミッキーの意思を感じて言葉を返すと、ミッキーが再び低周波を発するという具合でした。

科学的な証明がなされない限り、それを会話とはいえないのかもしれませんが、このコミュニケーション術を会話だと思っています。会話は人間同士でもとても大切なことに違いありません。まして野生動物と意思を通わせることは、簡単に誰でもできることではないのです。

そういう意味でも、いまはぞう使いの協力を得ながら、タイのゾウ調教のすべてを日本語に翻訳し、日本語のカリキュラムの作成を行ないながら、手探りで行なう状況なのだと思います。

タイのぞう使いたちは、生まれたときから家にゾウがいるといった環境の人たちが多いのですが、日本ではそういうわけにもいきません。しかし私は近い将来、十五歳から二十歳くらいまでの、動物が好きで、ゾウが好きで、調教師になりたいという情熱と意欲を持った日本人の若者を集め、日本国内でゾウの調教師養成を開始したいと思っているのです。

しかし一口にゾウの調教師を養成するといっても、簡単なことではありません。

哲夢がタイで経験した修行では、ゾウと寝食をともにすることもあり、そうやってゾウと会話ができるようになったそうです。

とはいえゾウ舎で巨大なゾウと長時間過ごすには、ゾウ好きというだけでなく、それとは別の命がけの覚悟が必要だと思います。ゾウはあの巨体ですから、なんの気なしに行なった寝返りでも、人間が下敷きになれば圧死しても不思議ではないし、ゾウ舎の掃除中に、ゾウと壁に挟まれる事故もあります。

きちんと調教を受けたゾウが、きわめて安全であることは確かです。

しかしそれは、扱いを間違わなければの話で、調教師の養成では学生が扱いを間違えることを前提に考えておかなければならないのです。

そんなあれこれを考えると、日本人調教師の養成はつくづく難しいと思います。

しかしそれが難しければ難しいほど、なんとかしてやろうという、ファイトの炎が燃え上がっているのも確かです。

○洋子

動物プロダクションに飼育されている動物の多くは、仕事などほとんどないままにせまいオリの中で一生を終えていきます。

そんな動物たちに、広くてより自然に近い環境を作ってあげたいと作り始めた、市原の「山小川ファーム動物クラブ」は、一九八九年四月二十八日、ようやくオープンに漕ぎつけることができました。

正直にいえば未完成の部分も多く、いささかフライング気味のスタートでしたが、私が思ったとおり、広い空間でお客様から直接エサをもらったり、体を撫でられている動物たちは楽しそうで、幸福そうだったし、見違えるほど生き生きしてきました。

それからほどなくして、新潟の月岡ランドの閉園が決まり、洋子というゾウを引き取ってくれないかという連絡が入りました。

そして哲夢が月岡ランドに洋子の様子を見に行ったのです。

この頃の哲夢はミッキー、ミニスター、ランディと、三頭のゾウの調教と飼育を通じ、さまざまな経験を積んだことで自信に満ちあふれていました。

ファーム内には常に哲夢の「ＧＯ」という声が響き、タイ人のぞう使いたちもそんな哲夢に一目置いているほどでした。

月岡ランドに到着し、洋子と対面した哲夢からの一報はかんばしいものではありませんでした。哲夢は「ママ、大丈夫、心配しないで」といっただけなのですが、哲夢がこういうときは、「ママ、大変だ、大丈夫かな」という意味なのです。

案の定、哲夢は月岡ランドから出たことのない洋子を搬送用のトラックに乗せるのに、三日もかかってしまったのです。

哲夢はゾウと接するときに、決して暴力を使ったり、強引なことをしません。その哲夢が三日三晩寄り添うことで、洋子はようやく自分からトラックに乗り込んでくれたのです。

大変な苦労のすえ、哲夢は無事に洋子とともに山小川ファームに到着しましたが、あろうことか洋子はトラックから降りると、猛然と山に向かって走り出して転んでしまったのです。

大嫌いなトラックに押し込められ何時間もかけて移動して、どれほどのストレスを抱えていたかはわかりませんが、哲夢とタイ人スタッフたちはそれまでに見せたことのない、緊張と真剣な表情で洋子に駆け寄りました。

ゾウ舎に納めて報告に来た哲夢は、転んだ洋子の怪我を心配する私に、笑顔で「大丈夫」と応えてくれましたが、その額に浮かんだ汗が洋子の扱いの難しさを物語っていました。

ミッキーは初めて見た子ゾウのミニスターが、いきなり腹の下に飛び込んでお乳を吸おうとしても、平然と受け入れたほどのリーダーですから、洋子も受け入れてくれるだろうと、私はどこかタカをくくっていたのです。

上．月岡ランドにて　輸送用のオリの前の洋子と哲夢

下．４頭になったゾウたち　(左から)洋子　ランディ　ミッキー　ミニスター
　　調教師はスリランカ人

洋子に逆立ちをさせている哲夢　後ろは月岡ランドの園長だった植松さんと社長の長谷川さん

翌日、私がゾウ舎で見た洋子は、久しぶりにミッキーやランディ、ミニスターたちゾウ仲間と出会ったにもかかわらず、うち解けられずにいじけた様子でした。

雪深い新潟で一頭だけで飼育されていた洋子は、ゾウ舎から出されると運動場に降り積もった冷たい雪からのがれるように、プールにつかっていたということも聞いていましたが、日本に来たときには、普通に調教された普通のゾウだったに違いありません。

動物園では、ゾウが触れてはいけないものや、それ以上行ってはいけない場所には小さな金属製で、先の尖った三角形のイガイガを設置することがあります。

ゾウの鼻は敏感で頭もいいですから、一度、そのイガイガに触れて痛みを知ることで、ゾウはその場所が危険と察知するのですが、洋子の様子を見ていた獣医さんが異常を感じ調べたところ、頬に食い込んだイガイガを発見したのです。

ようするに、頬に弾丸が食い込んでいるようなものですから、さぞかし痛かったはずで、イガイガを摘出して激痛から解放された洋子は、徐々に仲間とうち解け始めてくれました。

仲間にうち解けられなかった原因のひとつがわかってほっとしました。

洋子が月岡ランドで脱走しようとしたのか、あるいはゾウ舎で暴れたのかはわかりませんが、いずれにしても普通ではない精神状態になり、そんなことになってしまったのでしょう。

洋子の心の傷の深さを思い知らされる出来事でした。しかし当時の私は動物プロダクションと動物園の経営をかけもち、まさに多忙を極めていた上に、ミュージカル「アイーダ」に出演する動物たちの準備に追われ、洋子にだけ関わり合っていられない状態でした。

海外ではオペラに登場するゾウ、トラ、ラクダ、ウマ、ハトといった動物ごとにプロダクションがあり、私のようにひとつの会社がすべての動物を出演させることはないとかで、先方は最初から疑いの眼差しで、私のプレゼンテーションを聞いていました。

結果として「アイーダ」の日本公演は大成功に終わり、私たちの会社も絶賛を浴びることになりますが、このときのギャラ、苦労や珍事件の話は前著の『小百合物語』を参考にしていただければと思います。

洋子のことについては哲夢に任せっきりというのが実状でした。

そんなわけで洋子は来園以来、ずっとゾウ舎の決まった寝室と運動場を行ったり来たりで、他のゾウたちのように外に出て仕事をすることはありません。

山小川ファームでは、お客様がエサやりを通じて動物たちに直接触れられ、ゾウについてもぞうさんショーの後に、エサやりをできるコーナーがありますが、すべてお客様の安全が第一です。

それぞれのゾウにはぞう使いがつき、万全の安全対策と管理をしながら、ゾウ舎からぞうさんショー広場に移動します。開園して間もなかったので、さまざまな施設の建設や改良が行なわれていましたから、洋子が苦手としているトラックをどこで目にするかわからない状態でした。

そんな状況でゾウ舎から出し、万が一、洋子がトラックを目撃してコントロールがきかなくなってしまえば、大惨事が起きても不思議はないのです。

それこそ哲夢は洋子に付きっきりで調教していましたが、あるときゾウ舎の入口にある厩栓棒に挟まれて気を失い、救急車を呼んだことは昨日のことのように憶えています。幸い、哲夢は移送中に意識を取り戻してことなきを得ましたが、ゾウがやろうとしなくても、事故は起きてしまうのです。

○ゾウが死を察知する能力

「山小川ファーム」も夏休みを迎える頃には、さまざまな施設が完成し、日に日に来場者の数も右肩上がりに増えていきました。

動物プロダクションとしては、ゾウたちのイベント、撮影も、毎月一、二回が普通になり、ほとんどの仕事をランディとミニスターがこなし、ミッキーはぞうさんショーやライドをこなしてくれましたが、洋子はといえば相変わらずゾウ舎から出られないままでした。

年々来場者は増加し、一九九二年には哲夢念願のタイ人スタッフによる本格的タイ料理レストラン「エレファントハウス」を園内にオープンすることができました。

休日ともなると、押し寄せるお客様で駐車場が足りなくなり、近所に臨時の駐車場を借りなければならないほどで、私たちはまさに嬉しい悲鳴の連続でした。

一九九二年、哲夢が二十歳になった年の夏に放映される終戦記念ドラマ「象のいない動物園」に、園内ロケでゾウを出演させる仕事が決まりました。

哲夢は一人前のぞう使いとしての自覚もあったのでしょうが、母親としては思わず目を細めたくなるような頑張りを見せてくれました。

私はスタッフの食事作りなどの裏方仕事に従事しましたが、哲夢は四国ロケにもひとりで行き、活躍する息子の仕事ぶりを目の当たりにしたことで、ほっと胸をなで下ろすことができました。

哲夢は撮影が終わるとスリランカに旅立ち、束の間の休日を楽しみました。

いまから思えば、せっかくの休日なのだから、ハワイでもロスでもパリでも良かったと思いますが、哲夢はゾウのいるスリランカを選んでしまう息子だったのです。

完成した「象のいない動物園」の放映は、高滝湖の花火大会の日で、新築した不入の自宅で哲夢と一緒に観ました。忘れられない私の大切な思い出です。

そして三ヶ月後の十一月十日、ネコを出演させる仕事に向かう途中、哲夢は不慮の事故に遭って帰らぬ人となりました。

哲夢が事故に遭い、まさに命を失ったであろう時刻に、ミッキー、ミニスター、ランディ、洋子が一斉に鳴きました。

地震でも起きるのかと心配しましたが、それからほどなくして警察から哲夢の事故の連絡が入りました。

「動物が人の死を理解できるわけがないし、ましてや遠く離れた人の死をわかるわけがない」

普通は誰でもそう思うものです。

しかし、最近、人間にとってもっとも身近なイヌに、人間のガンを察知する能力があることがわかったように、私たち人間は動物の持つ能力について、ほとんど知らないに等しいのです。

私は知能の高いゾウが見せた奇跡のようなできごとを何度も経験しているし、研究者の間でも、ゾウが仲間の死を理解しているのではないかと思えるエピソードが、いくつも報告されています。

哲夢の死に対してゾウが見せた反応も、その一例といえます。

例えば人間でも、母親が夢枕に立ったので田舎に電話してみると、母は亡くなっていたという話を聞いた人は多いと思いますが、それが人間の能力として証明されているわけではありません。そんな能力は気のせいなのか、それともあるのに現在の科学では証明できないのか、私にはわかりません。

しかしゾウが見せた反応を思うと、ゾウが遠く離れた仲間の死を理解し、察知できるとしか思えないのです。死に関してある種の動物が持つ能力は、人間ではなく動物、特にゾウを研究することで証明されるのではないか、そんな気がしてならないのです。そして大切なことは、そんな仲間の死を受け止め、その哀しみをどう乗り越えるかです。

人間はそのための儀式としてお葬式をしますが、四頭のゾウは、哲夢の死後しばらくの間、突然、鳴いたかと思うとまったく動かなくなるといった、奇妙な行動を見せていました。

悲しそうなミッキー　洋子　ランディ　ミニスター

私自身が哲夢の死を受け止められず、精神的にも不安定で、そんなゾウたちの様子をきちんと観察することはできませんでした。

しかし不思議なのは、そんな私が立ち直るきっかけを作ってくれたのは、ミッキーでも、ミニスターでも、ランディでもなく、ずっとゾウ舎から外に出ることができなかった洋子でした。

哲夢は大切な息子ですから、友人や会社のスタッフはなんとか私を立ち直らせようと、懸命に支えてくれました。しかし一方で、会社にとって哲夢は大切なかなめでしたから、哲夢の死は翌日から業務に重大な支障をきたしました。

そんなとき、哲夢が「象のいない動物園」の撮影終了後、スリランカ旅行をしたときに、息子とともに、洋子の引き取りに同行したニハルという調教師と再会し、彼からまた日本に行きたいと、相談を受けたと話していたことを思い出したのです。

山小川ファームには、タイとスリランカ出身のぞう使いが何人もいましたが、ニハルは洋子を引き取ってしばらくすると帰国していました。

当時の私は誰に何をいわれても気は晴れず、何もする気がしなかったので細かな経緯は憶えていないのですが、いずれにしても彼が来日し、すぐにゾウたちの世話を始めました。

哲夢は生前、洋子をぞうさんショーに出演させませんでした。

しかし哲夢が亡くなったことで復職し、その結果、洋子はゾウ舎を出て、ショーやライドに参加できるようになったのです。

何年も実現できなかった、四頭のゾウによるショーやライドが、哲夢の死によって実現したのは皮肉ですが、それが哲夢の残してくれたプレゼントに思えました。

暗闇に一筋の光が差したような気がし、立ち直りのきっかけとなったのです。

洋子とぞう使いニハル　スリランカ式の調教棒はとても長い

第二章　国内繁殖への挑戦

○リョウ

なんとか少し立ち直ることができた私は、一九九四年、長女の望が留学していたイギリスのロンドンを訪ねることにしました。

人の哀しみの表し方はそれぞれです。

私は多くの人に迷惑をかけてしまいましたが、哲夢の姉の望の場合は、弟のお葬式を終えると、まるで逃げるようにロンドンに行ってしまいました。

互いの行動は違っても、極端な反応を見せてしまったところをみると、似たもの母娘ということなのでしょう。ともかく望の様子を確かめたくて、ロンドンに出かけたのです。

望も立ち直りを見せてくれていて、いい気分転換ができたと思って帰国すると、事件が起きていました。

私の留守中に、前夫が愛知のヘビセンターにいたオスゾウを引き取っていたのです。

当時、アジアゾウの国内繁殖への思いが強かった前夫にとっては、願ってもない話だったと思いますが、じつはこのリョウというオスゾウは、哲夢の生前にも引き取りの話があり、哲夢はすぐに名古屋まで出向き、直接、確認しましたが、残念なことに脳に病気を抱えていたのです。

「ママ、リョウは大きくて、いいゾウだったけど、脳に病気があるみたいでね、引き取っても僕たちは、なにもしてあげられないよ」

哲夢は可哀想なゾウを見ると、自分がなんとかしてやりたいと思ってしまう性格でした。しかし脳の病気ではどうしようもなく、残念というより悔しそうだった哲夢の顔を、いまでも忘れることができません。

私がわからなかったのは、そんなリョウの状態を知っていたにもかかわらず、前夫があえて引き取ったことです。正直にいえば私は怒りすら覚えていました。とはいえメスゾウのミッキー、ミニスター、ランディ、洋子たちは、そんな事情は知りません。すんなりとリョウを受け入れてくれ、リョウはメスゾウに囲まれ、威風堂々としていたことがなんとも皮肉に思えました。

昼間は堂々としていて、とても病気を抱えているとは思えないリョウですが、夜になると哲夢が危惧していた発作を起こしました。ゾウ舎の壁や鉄柵に何度も頭を打ちつけ、大きな音が一晩中鳴り止まないのです。激しい頭痛に耐えきれず、リョウはそんな行動をとったのだと思いますが、リョウの脳腫瘍を治療してあげたくても、ゾウの巨大な頭を撮影できるレントゲンも、ＣＴスキャンもＭＲＩもありません。

しかも脳腫瘍を確認できたとしても、ゾウの開頭手術例や、それができる日本人の獣医なんて聞いたこともありません。こういうときにできることといえば、リョウを苦痛から解放してあげるための安楽死ですが、私にはできませんでした。

そんなリョウの様子を見たぞう使いたちは、例によって強いお酒を吹きかけたりしましたが、さすがに脳腫瘍に効果があるわけもありません。結局私は何もしてあげられないまま、日に日に弱っていったリョウは、来園して三ヶ月ほどで死を迎えることになります。

ライティに続く、二頭目のゾウの死でした。

ライティが亡くなったとき、その死を無駄にせず、その後のゾウ飼育の役に立てられればと思い、死因を探るために解剖してもらいました。

そして腸内にいた寄生虫を発見し、それが死因だったこともわかり、ゾウの飼料にも細心の注意をはらう

5 頭になったぞうたち　（左から）ミニスター　洋子　リョウ　ミッキー　ランディ

ようになったし、年に二回、虫下しをかけるようにもなりました。

しかし私は獣医や科学者ではありません。

現実に解剖されたライティの無惨な姿を見て、それが今後のゾウ飼育に役立つとわかっていても、二度とゾウの解剖はしないと強く心に決めました。

リョウを解剖すれば脳の腫瘍を発見できるかもしれませんが、人間でも脳腫瘍は厄介な病気で、手術をすれば必ず治るといえるものではありません。

ましてや個体数の少ないゾウにおいては例外的な病気であり、それを研究する学者もいなければ、手術に挑む獣医もいないのです。

リョウは亡くなり、そのままゾウ舎の奥の山に埋葬しました。

ここでひとつ問題提起をしておきたいのですが、全国の動物園では何十億円もかけられた、立派で素晴らしいゾウ舎が建造されるようになりました。しかし古いゾウ舎の中には、小さな入口しかないものもあれば、扉すらない場合もあるのです。

ゾウ舎に入れたときは子ゾウですから、それでいいのかもしれません。しかしゾウは成長し、必ず死ぬのです。こういうゾウ舎で死んだゾウは、小さな扉から運び出せるように遺体を切り刻むしかないのです。

生前、文句もいわずにさんざん私たち人間を癒してくれたゾウが死んだら、ゾウの遺体を運び出せる大きな出入り口を作らなかった人間の都合で、その体を切り刻むというのはあまりに酷いことと思うのです。

現在、火葬場の設備がある動物園も多く、埋葬も当たり前になり、かつてのように動物が死後、ドッグフードの会社に引き取られることはなくなりました。

もちろん動物の種類によっては、肉食獣のエサになったり、骨格標本やはく製となって、死後も人間の役にたっている動物たちもいるのです。そんな動物たちに敬意や感謝の気持ちがあるのなら、死後も含めて、飼育環境の改善を急いでほしいものです。

私はこれまでに出会った二十八頭のゾウのうち、すでに市原に四頭、勝浦に二頭の合計六頭のゾウを埋葬してきましたが、この姿勢は今後も変えるつもりはありません。

○ソンポーンとユキ

哲夢の死後、私たち家族はバラバラになってしまいました。

前夫はオスゾウのリョウを失ったのに、自分の仕事を放り出してゾウの繁殖にのめり込み、私は動物園経営で手一杯、夫婦関係も冷え込む一方でした。

当時、テレビの家族番組に出演し、楽しそうな私の家族を見た人には信じられないと思いますが、それこそあれは営業用の姿であって、現実は思い出したくもない暗黒の時代でした。

よく「問題の先送り」という言葉を聞きますが、あのときの私たち夫婦はその典型だったと思います。実態はともかく、動物プロダクション経営も動物園経営も、形式的には夫婦で行なっていましたし、子供たちもまだ幼く、脳裡を「離婚」という二文字が頭をよぎっても、すでに一度離婚を経験し、離婚が子供たちに与える影響を知る私は、思い切った行動に出ることができなかったのです。

私がそんな暮らしに悶々としている一方で、前夫はオスゾウのリョウを失ったのに、ますますゾウの繁殖に意欲を燃やしていました。それが野心であったのか、夫婦や家族の絆を取り戻すために考え出した、家族がひとつになれる目標だったのか、あるいは哲夢の遺志を継いだのか、彼が亡くなったいまとなってはわかりません。

彼はイヌやネコ、ウマの調教では確かにプロでした。しかしゾウの繁殖をイヌの繁殖と同じ程度に思っていたことも事実です。

だから大言壮語しても、「四頭のメスゾウがいるのだから、オスゾウさえ用意すればなんとかなる」くらいにしか考えていない底の浅さが見え、夫婦や家族の絆をそう簡単に取り戻すことはできませんでした。

しかもいい出したら聞かない人でしたから、「国内でオスゾウが手に入らないのなら、海外から借りればいいじゃないか」とどんどん話を進め、リョウが死んだ翌年の一九九五年、タイからオスゾウのソンポーンとメスゾウのユキを一年間借り受ける話を決めてしまったのです。

私は興味がないといっても、前夫がそこまで決めてしまえば、タイ政府はもちろん、二頭のゾウの借り受けに尽力してくれた、多くの友人たちに迷惑をかけるわけにもいきません。

繁殖計画の結果はともかく、一年後にソンポーンとユキを無事にタイに帰せるよう、万全の受け入れ体制を整えることにしました。

通常、タイからのゾウの輸送は船便を使い、二週間ほどで日本に到着します。しかしあのとき、なぜか上海ま

ユキ　ミニスター　ソンポーン　洋子　ランディ　ミッキー

で陸路を使って上海からは船便という、輸送に一ヶ月もかかるプランを前夫は主張したのです。

前夫はテレビ関係者との繋がりが強く、哲夢のタイ留学も、一周忌に家族で行ったタイ旅行も、何かあればテレビの番組企画にしてしまう人でしたから、繁殖計画もテレビ局に売り込んでいて、それもテレビ番組用の演出だったのでしょう。

前夫にとっては妊娠の機会を失うことより、番組上の演出に拘りたかったのでしょうが、残念ながらこのときのテレビ番組は実現しませんでした。

ここでひとつ、面白いタイ人ぞう使いたちの習慣を紹介しておきましょう。

新しいゾウ舎が完成したり、新しいゾウやぞう使いを迎え入れるとき、彼らはブタの頭をお供え物にしてお祈りをします。ブタの鼻にお線香を立ててお祈りをしている姿は、日本人の私としてはいまでも不思議に思える光景ですが、ソンポーンとユキの迎え入れに際しても、この儀式が行なわれました。

そして四月になると、長旅を終えたソンポーンとユキが到着しました。

ソンポーンはオスらしく、とても大きなオスゾウで、ユキは小柄で可愛らしいメスゾウでした。

私たちは計画通り、すぐにミッキーとランディ、洋子との交尾を試みますが、なかなか思うようにはいかず、結果的にミッキーだけが交尾に成功しました。

孤高のゾウともいえるランディが、あのとき、まったくソンポーンを受け入れようとせず、そっけなくあしらった姿は、忘れることができません。私はランディが、自分がメスであることもわかっていないのではないかと、つい首を傾げたくなるような、なんとも冷たい態度でした。

ゾウの交尾は、他の動物と同様に、オスゾウが二本の後肢で立ち上がり、メスゾウの背中にのしかかりますから、メスゾウはオスゾウの体重を受け止めなければなりません。

長いこと平坦なゾウ舎でろくな運動もせずに過ごしていれば、想像以上に四肢は衰えてしまい、メスゾウ

上．メコン川にて　ソンポーンとユキ
中左．市原に到着
下左．ソンポーンとミッキーの交尾
中右．船に乗って
下右．山を越えて歩く

はオスゾウの体重を受け止められず、交尾することもできなくなってしまうのです。

　恩賜上野動物園のパンダがそうならないように、エサを吊すことで立ち上がらせ、後肢を鍛えているという話は前述しましたが、このソンポーンはメスゾウに囲まれた日本がよほど良かったのか、タイに帰るときもまったくトラックに乗ろうとせず、ぞう使いは例によって、ソンポーンに強い酒をかけてお祈りを捧げ、なんとかトラックに乗せることができたのです。

○ストーミー

　繁殖計画がスタートして半年ほど経った九月二十日、富士サファリパークからストーミーがやってきました。ストーミーは一九七五年十月、サファリブームに乗って宮崎サファリパークがアメリカから輸入したアジアゾウで、宮崎サファリパークから九州サファリパーク、富士サファリパークを経て私のゾウになりました。哲夢の生前、引き取ってもらえないかという相談を持ちかけられ、例によって哲夢はすぐに確認に行きました。しかし戻った哲夢は、ストーミーの引き取りについて、あまり積極的ではありませんでした。

「ママ、可哀想だけど、あのゾウはあそこで暮らしていたほうがいいと思うよ」

　私が詳しい説明を求めると、当時、推定年齢では三十歳前といわれていたストーミーですが、彼が実際に見てみた限り、聞かされていた年齢よりはるかに年寄に思えるとのことでした。

　ワシントン条約が締結された現在、条約批准国から直輸入されたゾウについては、ある程度は正確な年齢を把握することができます。

　しかし当時のストーミーのように、原産国からアメリカに渡ったゾウは、原産国はもちろん、年齢ですら曖昧になってしまうのが国際的な動物売買の実態でした。

一般の人には理解しにくいかもしれませんが、この当時の国際的な動物売買の世界では、業者が売値を上げるために年齢を詐称することも、珍しいことではなかったのです。

私は哲夢の意見にしたがって、ストーミーの購入をあきらめましたが、じつはもうひとつ気になっていたことがありました。

それは事前に聞かされていた、ストーミーが尻尾のないゾウだったことでした。

ストーミーはもともとアメリカのサーカスにいたと聞いていたので、仲間との喧嘩で引っ張られ、切れてしまったのだろうとも思ったのですが、アメリカでは気性の荒いゾウが人間を巻き込んだ事故を起こした場合、その尻尾を切断するという話を聞いたことがあったのです。

この話が嘘か本当かわかりませんが、ストーミーがいくらヨボヨボのゾウであっても、もし彼女が気性の荒い、人のいうことをきかないゾウだとしたら、引き受けるわけにはいきません。

お客様やスタッフを危険にさらすわけにはいかないのです。

さすがに尻尾のことには触れませんでしたが、私の返事を聞いた富士サファリパークでは、そういうことならもうしばらく飼育を続けようということになり、この話はご破算になりました。

しかしその三年後、富士サファリパークの方針が変更され、アフリカゾウだけを飼育し、アジアゾウの飼育はあきらめるということになったことから、ストーミーを無償でいいから引き取ってくれないかということになったのです。

現在残る資料によると、ストーミーは一九六五年生まれと推定され、日本に来たときが十歳で、引き取りの話が持ち込まれたのが三十歳のときということになります。

しかし哲夢に代わってストーミーを見たタイ人ぞう使いは、六十歳を超えているといっていました。

とはいえ、ゾウは高額な動物なのに、なぜ無償なのかという疑問が浮かぶ一方で、もしこの老ゾウを私が

フジサファリパークでのストーミー

引き取らなかったら、どうなってしまうのかという思いもありました。

　引き取りを断ることもできましたが、ストーミーの行く末を案じ、一度は購入をお断りしたゾウにもかかわらず、引き取ることを決めました。

　実際に私が目にしたストーミーは、老化のせいだけではなく、どこかに病気を抱えているのではないかと思えるような動きの鈍いゾウでした。

　ストーミーは暖かい夏場はいいのですが、寒い冬になると一日に何度も倒れてしまうゾウだったのです。しかも老齢のためか、自力で立ち上がることができません。

　ゾウの皮膚は厚くできているといっても、長時間横になっているとすぐに床ずれができてしまい、命にも関わることになります。つまり自然界にいたとしたら、ストーミーはとっくに寿命が尽きていたはずのゾウなのです。

　人間が面倒をみている以上、倒れたゾウを見過ごすわけにはいきません。ストーミーが転倒するたびに、ぞう使いたちはチェーンブロックをかけ、大騒ぎをしながら立ち上がらせました。

○捨てゾウ「はま」

　そして翌一九九六年の四月、暖かくなってストーミーの転倒騒ぎからも解放され、ミッキーの受胎は確認できないままでしたが、レンタル期間の終わったソンポーンとユキを無事に帰国させ、私もようやく一息つくことができました。

　そんなおり、あるサーカスから、はまというアジアゾウを引き取ってくれないかという話が持ち込まれました。そのサーカスには、ユーミンのコンサートで使ったゾウを貸していただくなど、昔からご縁がありましたので、快くはまを引き取りたかったのですが、私はひとつ不安を抱えていました。

当時、そのサーカスでは三頭ほどのゾウを飼育していましたが、以前借りたオスゾウが亡くなると、相次いでもう一頭が亡くなり、はまだけになってしまったのです。

調教師の高齢化もあり、ゾウの飼育はあきらめたから、ぜひ引き取ってほしいという話でしたが、じつは仲間を失ったはまはノイローゼになっていて、それがテレビのニュースで報道され、たまたま私もそれを見ていました。

人間がノイローゼになったり、うつ病になれば治療薬があります。しかし、さすがにゾウ用の、精神安定剤や抗うつ剤なんて聞いたことがありません。

それでも私は、はまが仲間を失った寂しさでノイローゼになったのなら、ミッキーやランディたち五頭のゾウと一緒に過ごすようになれば、ノイローゼも簡単に治ってしまうのかもしれないと思い、はまの引き取りを決めました。

一九九六年四月十一日早朝、私は慌てるスタッフに呼ばれて園に行くと、駐車場にゾウの運搬用の木箱がひとつ、ポツンと置かれていました。

あの異様な光景はいまでも忘れることができません。

はまの無償引き取りを決めたとき、間に入った動物業者から、輸送料として百万円払ってくれないかといわれました。しかもその業者は、電話一本よこさず、突然、はまを長年使ってきたであろう木箱に詰め込んで運び、その木箱ごと駐車場に置いて帰ってしまったのです。

可哀想にこの瞬間、おそらくはまは、日本で初の捨てゾウになりました。

アジアゾウたちは自分の意思に関係なく、生まれ故郷から日本に連れてこられ、動物園でもサーカスでも、私たち人間にたくさんの夢や癒しを与えてくれたはずです。そのゾウがいずれ年老いたり、病にかかるのは自然の摂理であって、予測のつかない事故ではありません。どんな動物でも、一緒に暮らした人間は、その動物の最期まで面倒をみることが責任だと思っています。

話が逸れてしまいましたが、市原に到着したはまは、木箱から出ようとはしませんでした。タイ人の調教師たちが何をいっても、一歩も動こうとしないのです。

はまがインドやスリランカ生まれだとしたら､タイ語が通じるわけもありません。私はミッキーとランディを連れて、迎えに行ってみることにしました。

最近の研究で、ゾウは低周波を使って会話していることがわかってきましたが、私はいろいろな経験から、ゾウたちが会話をしていることを確信していました。

はまもかつては三頭で暮らしていたのだから､ミッキーとランディに会わせれば、自然とコミュニケーションをとって、なんとかなるのではないかと思ったのです。

思ったとおり、はまを見たミッキーとランディは、すぐに低いうなり声と低周波で何か話しかけました。しかし、はまはまったく反応しませんでした。

理由はいろいろ考えられますが、やっぱりノイローゼのせいなのだろうとあきらめかけたとき、突然、おとなしく木箱から出てきたのです。

このとき、ミッキーが通訳となって、はまに調教師のタイ語の指示を伝えてくれたのだと思いました。なぜなら私は、幼かったライティやミニスター、ようやく自分以外のゾウに会えたランディ、トラック嫌いの洋子、そして頭痛持ちのリョウ、初来日のソンポーンとユキといった仲間が来るたびに、常にミッキーが間に立って何かを会話した後、皆が仲間として受け入れる姿を見てきたのです。

いまでは確認された低周波によるコミュニケーションも、なかなか一般の人には理解してもらえないのですが、かなり高度な内容の会話がなされていると信じています。

さて、そんなはまは「はま子」と改名し、新しい暮らしが始まりました。しかしはま子の衰えも酷く、ストーミー同様に寒い冬を迎えると、突然、倒れてしまうのです。

私たちはそんなストーミーやはま子を見つけると、慌ててチェーンブロックを使って体を持ち上げ、体と地面の間に飼料の乾し草を噛ませながら起こしてあげました。

前述したとおり、ゾウは体重が重く、長時間横になることができません。四十分以上横たわっていると、自分の重さに皮膚が耐えきれず、床ずれを起こしてしまうのです。

通常、ゾウが眠るときは交代で見張りが立ち、他のゾウは横になって睡眠をとります。しかし「市原ぞうの国」のゾウたちは見張りを立てる必要がないので、一斉にイビキをかいて眠ることもありますが、立ったままでウツラウツラしているときもあります。四十分から一時間程度眠ると自分で起き上がり、しばらくのんびりすると体の向きを変えて、再び横になります。

しかしストーミーやはま子が自力で起き上がれないからといって、放置して死ぬのを見ていられるわけがありません。大騒ぎして起こしもするし、栄養剤の点滴もするのです。

そんなはま子でしたが、二度目の冬を迎えた一九九八年一月十六日、ひっそりとゾウ舎で亡くなりました。はま子の死を目の当たりにしたことで、ストーミーを故国と思われるタイに帰国させることを決意しました。

獣医に診てもらってもこれといった病気は見あたらず、それが老化現象なのだと結論づけた私は、ストーミーが倒れずにすむ、一年中暖かな場所で過ごせるように、タイの保護センターに帰してあげることにしたのです。

このときの模様はテレビでも放送されましたが、タイでの反応は意外なものでした。

ストーミーを歓迎してくれる人々もたくさんいましたが、残念なことに真意はまったく伝わっていなかっ

上．元気になったはま子とぞう使いムー
下．（左から）ストーミー　はま子　ミニスター　ミッキー　ランディ　洋子

たことも確かで、「日本人はいらなくなった老ゾウをタイに返した」とか、飼料のペレットを見て「日本ではゾウにドッグフードを食べさせている」とか、ネガティブなことを散々いわれてしまったのです。

ストーミーのためによかれと思ってした帰国も、見方によっては年をとって役に立たなくなったゾウを、タイに押しつけたということになってしまうのです。

幼い頃にアメリカに渡り、そして日本に来たストーミーは、私のところで多くの仲間と触れ合い、ぞうさんショーにも参加できるようになり、たくさんのお客様と触れ合いながら、直接、エサをもらえるようにもなりました。

しかし寄る年波にはあらがえず、寒い冬になれば何度も転び、死の淵をさまよいましたが、タイの保護センターに入ったことで生まれ故郷の暖かさに包まれながら、一年後、名前の如く嵐のような波瀾万丈の一生に、終止符を打つことができたのです。

タイ王国 ランパン象保護センターにて　のんびりと余生を楽しむストーミー

○繁殖計画失敗

話を戻しましょう。はま子が来園した四月、山小川ファームはビッグなニュースにわきます。

前夫の友人の獣医さんが、待望のミッキーの受胎を確認したのです。

参考までに妊娠検査の妊娠時と非妊娠時のグラフを掲載しておきますが、私にとっては積極的になれなかった繁殖計画も、ミッキーが交尾に成功したあたりから事情が変わりました。私自身も、ミッキーにほのかな期待を抱くようになっていました。

そこにミッキーの受胎を確認したという報告があったのですから、私はミッキーに宿った小さな生命に、天にも昇るような喜びを感じました。

ちなみにゾウの妊娠期間は二十二ヶ月、人間の倍以上の長期間になるのですが、妊娠確認後、獣医は三ヶ月に一回検査を行ないました。

▼プーリーがりり香を妊娠している時の血液検査表

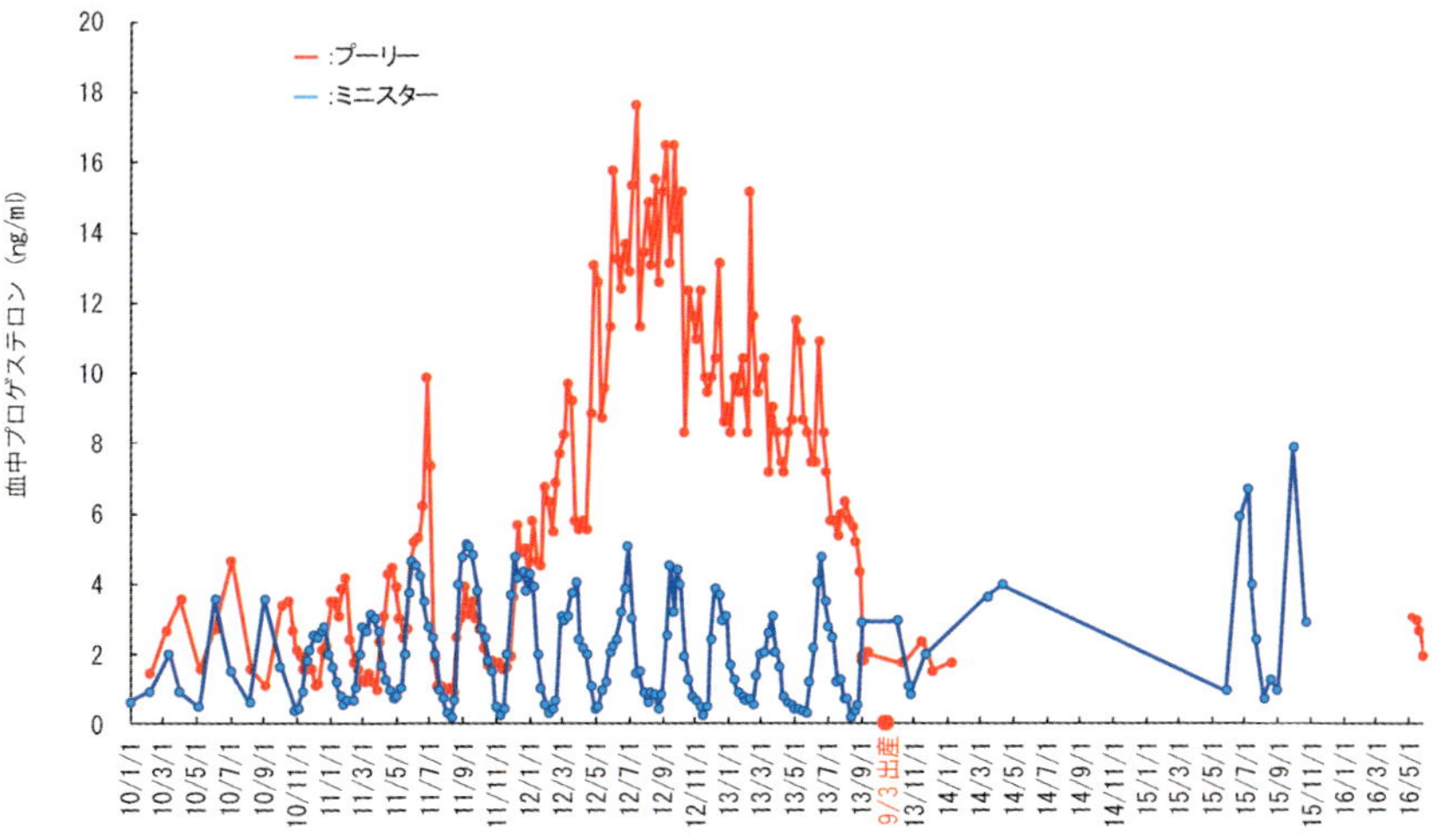

ミッキーの安産祈願式

そしてそのたびに、判で押したように「順調」という言葉を繰り返しました。

喜び勇んだ前夫は、獣医とともに日本動物園水族館協会に受胎報告に出向いたり、足繁くテレビ局に通ったり、ともかく舞い上がっているのひと言で、よもやそれがぬか喜びになろうとは、このとき、繁殖計画に参加した誰ひとりとして想像すらできなかったはずです。

受胎確認から一年が過ぎた頃、五人の子供を産んだ経験のある私は、ミッキーを見て不思議に感じたことがありました。ミッキーのお腹が、ちっとも大きくなっていないような気がしたのです。

しかし、ゾウはもともとあの巨体ですし、当時、私自身、ゾウの繁殖に成功した経験もありませんから、獣医が科学的な検査をして妊娠しているというのですから、素人の私が疑問を挟む余地などありませんでした。

ミッキーの出産日に向かってさまざまなイベントを考えたり、その準備に余念がありませんでした。

そしてついに迎えた出産予定日は、とても寒い二月でした。

私たちは息を飲んでその瞬間を待ちましたが、待てど暮らせどミッキーが産気づくことはありませんでした。それもそのはず、なんとミッキーの妊娠は獣医の誤診だったのです。

私はこれまでの人生で、何度もぬか喜びを経験してきました。それは若さゆえの誤解や早とちりが原因でしたから、自分が悪かったと反省し、素直にあきらめることもできました。

しかし、あのときは獣医の誤診が明確な原因でした。

若かった頃の私なら、すべての感情を獣医にぶつけたところですが、あのときはあまりのショックで獣医を責める気にもなりませんでした。

ミッキーの受胎確認によって、一時は夫婦も、家族も一丸となりましたが、主のいない祭りの後は悲惨でした。

結果的にこの失敗で、私は離婚によって自分の人生に区切りを付けることを決意しますが、この決意があればこそ、ゾウの物語は二十八頭を数えるまでに増え、「山小川ファーム」から「市原ぞうの国」となったいまも、ゾウとの物語をつむぎ続けることができたのです。

○サンディ

離婚を決意したものの、共同経営している会社や動物たちの所有権などの問題が思っていたより複雑で、前夫は騒動の後始末で精神的に不安定になり、持病の糖尿病を悪化させてしまうなど、ことはそう簡単に進みませんでした。

そんな一九九七年、北海道函館のスバルパークの閉園が決まり、アフリカゾウのサンディが仲間に加わりました。

園内にはアジアゾウしかいない山小川ファームに、気性が荒くて調教ができないといわれているアフリカゾウを仲間に入れることができるのか？

確かにそんな不安もありましたが、当時の私はアフリカゾウのことより、スバルパークで飼育されていたサイやバッファローといった、大型動物に興味を持っていたこともあり、サンディの話が持ち上がるとすぐにスバルパークに向かいました。

すでに哲夢は亡くなっていたし、前夫も病気で前線から退いたこともあり、自分の目で確かめ、自分で決断しなければならなかったのです。

そしていざスバルパークでサンディと対面すると、さほど興味を持っていなかったにもかかわらず、衝撃を受けてしまったのです。

サンディは思い描いていた巨大なアフリカゾウとは違い、幼少期の栄養不良が原因で体は小さくて肌もボロボロ、アジアゾウにはない独特の臭さを放つ、見るからに生育不良とわかるアフリカゾウでした。

アジアゾウのミッキーたちより二回りも小柄なサンディを見て、私は可哀想で見捨てるわけにはいかない、仲間にしようと思ってしまったのです。

サンディへの憐憫《れんびん》の情で引き取りを決断した私は、動物園の経営者としては失格かもしれませんが、このときの感情と決断はその後の行動に大きな影響を与えることになるのです。

市原に到着したサンディはさぞかし暴れたのでしょう。ボコボコになった輸送用のケージを見た私の脳裡に、「本当に大丈夫だろうか」という不安がよぎりました。

ケージから出ても興奮のおさまらないサンディをなんとかゾウ舎に入れ、ミッキーたちアジアゾウと対面となるのですが、抱いた不安は取り越し苦労でした。

上. スバルパークで暮らしていたころ
下. ショーに参加し、エンジョイしているサンディ

私の期待通り、ミッキーたちアジアゾウはアフリカゾウのサンディを簡単に受け入れてくれたのです。実際にサンディを見て「本当に大丈夫だろうか」と不安に思ったのは、アジアゾウしか扱ったことのないタイ人のぞう使いたちでした。

それでもサンディは信じていたとおり、半年ほどの調教で広場でのショーに参加できるようになったのです。

人間にはなつかないと思われていたアフリカゾウのサンディが、ミッキーやランディと一緒に行進し、指示通りに動く姿を見て、私は自分が間違っていなかったことを確信したのです。

もっとも、私のところでやるショーは、サーカスのように火の輪くぐりや綱渡り、二足歩行をさせたりといったものではありません。

ゾウの賢さや人間との共存をテーマに、ゾウたちが自然に見せる日常の動きを演出したものですから、アフリカゾウのサンディにとっても無理がなかったのでしょう。

サンディが仲間になったおかげで、アジアゾウとアフリカゾウの違いも説明しやすくなり、ショーの内容も一段と濃くなったことはいうまでもありません。

そうなるとぞう使いたちも欲が出てくるのか、サンディの背中に台をくくりつけて人を乗せる、ゾウさんライドに挑戦を始めたのですが、アフリカゾウとアジアゾウとでは背中の構造が違います。アジアゾウ用に作った台がアフリカゾウのサンディに使えるわけもなく、残念ながらゾウさんライドはあきらめるしかありませんでした。

そしてこの頃、あることに気付いたのです。

理由はどうあれ、洋子やサンディ、はま子が幸いにして私のところで再生して人気を博せば博すほど、私がやっていることは、悪くいえばゾウ捨て山のような印象になってしまっていたかもしれません。

耳の大きさを自慢しているサンディ　気分はすっかりアジアゾウ？

ゾウを飼育するということは、人件費を含め一頭あたり一日一万円以上の経費がかかります。ですから日本に来たゾウは、動物プロダクション、動物園、サーカスであろうが、彼らを目当てに来てくれるお客様から、入場料を払っていただく経済動物なのです。

そのゾウが老齢化したり、病気になってお金を稼げなくなれば、飼っている側には飼育する理由がなくなってしまうのも、仕方のない現実なのです。日本にもそんな不要になったゾウを引き取ってくれる、タイの保護センターのような施設が不可欠なことは確かなのです。

自分の動物園がそう思われることが嫌というわけではありませんでしたが、哲夢の死、ミッキーの誤診騒動、決定的な夫婦関係と家族の崩壊、ストーミーがタイに帰国したときの冷たい反応、引き取りを頼まれたゾウが活躍すればするほど、ゾウ捨て山になってしまう現実を受け入れるしかありません。

そんな重苦しく暗い日々が続いたある日、私は亡くなった哲夢の言葉を思い出したのです。

哲夢は亡くなる前に、

「日本中の動物園を訪ね歩き、そこにいるゾウたちと話して、みんなを幸せにしてあげる方法を考えたいんだ。だから旅に出たいんだけど、いいかな」

と、突然いい出したのです。

私は哲夢のように、ゾウの言葉もわからないし話もできないのですから、あのときの哲夢の真似はできません。

しかし理由はともあれ、行き場のなくなったゾウたちを引き取り、天寿を全うするまで面倒をみることくらいは、できると思ったのです。

そしてそう思うと、周りにあった重くて暗い霧が一気に晴れたのです。

○ゾウの墓場伝説

アフリカには死期を悟ったゾウが群れから離れ、どこかの谷間にある「ゾウの墓場」と呼ばれる場所に行き、そこで死の瞬間を迎えるという話を聞いたことがあります。あるいは仲間が死ぬと、生きている仲間が象牙だけを「ゾウの墓場」に運んで供えるといった話もありました。いずれにしても「ゾウの墓場」に行くと、象牙が山ほどあるということなのですが、私はあり得ない話だと思います。

通常、ゾウはメスが中心の母系の群れを作り、出産や育児を共同で行ないながら、生きるために食べ物や水を求めて移動します。

オスは十歳くらいまで群れで育てられると群れを離れ、一頭で暮らしながら自分の遺伝子を残すチャンスをうかがい、他のオスとしのぎを削るのです。

ですから展示が目的の動物園では、性格が穏やかで扱いやすいメスゾウではなく、一頭の暮らしができるオスを展示するようにすれば、子供たちにゾウという動物を理解させることになるだろうし、動物園全体でいえば、ゾウのオリだけが残った動物園もなくなるでしょう。

ゾウのなんたるかを見せて教えるだけなら、それで十分だと私は考えています。

話が逸れてしまいましたが、年老いて寿命がきたゾウは、群れの移動中に亡くなるのが普通です。他のゾウは倒れた仲間を必死で起こそうとしますが、ある瞬間、起こすのを止めてしまいます。

その瞬間こそ、仲間が亡くなったことを生きているゾウが理解したときなのです。

例えば死んだ子ザルをミイラ化するまで抱き続ける母ザルがいますが、サルが死を理解していれば、そんな行動をとることはないでしょう。

それが母ザルの情のなせる技と思うのは、人間の勝手な思い込みにすぎないのです。

ゾウたちは、倒れた仲間を起こすことをあきらめたにもかかわらず、かなりの時間、仲間の遺体から離れず、その場を動きません。そして、やがてゾウたちはその場から立ち去ります。

一方、亡くなったゾウの遺体は、他の動物や虫に食べられて骨だけになり、いずれその骨も地上から姿を消すのが自然の摂理です。

当然、その場所には草木が生え、亡くなった仲間の痕跡などまったくなくなっているにもかかわらず、不思議なことにその地を通りがかった仲間は、かならずその場に立ち止まり、しばし佇んでいるそうなのです。

紹介したゾウの行動からいえることは、ゾウは仲間の死を察知できるし、その死を忘れずにいるということです。少なくとも亡くなったゾウは、「ゾウの墓場」に行くこともなく仲間に見とられたのですから、自分の死期を悟る能力はなかったということだろうし、死んだゾウが白骨化した頃合いを見計らい、仲間が象牙を運びに舞い戻ることもなかったのです。

つまり「ゾウの墓場」の伝説は、象牙目当てに乱獲されて個体数を減らしたにもかかわらず、その原因を隠すためだけに密猟者が考えたのではないでしょうか。

仲間のゾウが象牙だけを「ゾウの墓場」に運び込む話にしても、草食獣のゾウが遺体を損壊することなどあり得ない話なのです。象牙だけが外された遺体や白骨を不思議がる子供たちに、象牙目的だけの密猟者が、自分の罪をゾウに擦り付けるために作った、作り話なのです。

巨大で神秘的なゾウに対する人間の敬意が、伝説にしてしまったのだと思います。

しかもそんな話を聞いた人物が、たまたま密猟者の象牙の隠し場所を見つけ、作り話の伝説化に拍車をかけたことでしょう。

○チンタラ、ノーラメ、アーシャー、ダヤー

ソンポーンとミッキーの種付けの失敗は、多くのことを教えてくれる一方で、私たち夫婦や家族の暮らしを一変させるショッキングなできごとでしたが、それで終わらなかったのです。

ストーミーをタイに帰国させた際に、前夫がオスのノーラメとメスのチンタラという二頭のゾウのレンタル契約を行なっていたのです。レンタル理由は興行で、期間は一年でしたが、前夫がオスのノーラメを選んだ目的は明確でした。前夫は私たちに相談もなく、もう一度、繁殖にチャレンジしようとしていたのです。そういう前夫の身勝手な行動には、慣れっこになっていましたが、私もどうせもう一度チャレンジするなら、ソンポーンでの失敗と反省をふまえ、私なりに万全の体制を整えようと思ったのです。

そして七月十七日、万全の受け入れ体制を整えた「市原ぞうの国」に、チンタラとノーラメが到着しました。

私も今度こそと思い、気が引き締まる思いで二頭を迎え入れたのですが、予想だにしない結果が待っていたのです。

なんとミッキーをリーダーとする私のゾウたちは、勝手に繁殖を目論む私たちをあざ笑うかのように、オスゾウのノーラメを鼻にもかけず、まったく受け入れようとせずに、徹底的に無視してしまったのです。

太い牙はかっこいいと思いますが・・・　ノーラメ

市原に到着したアーシャーとダヤー

メスゾウが何を根拠に、受け入れるオスゾウを選別するのかはわかりません。好みでいえば、雄大だったソンポーンに比べ、太ったノーラメは肌も黒くて脚も短い、決して雄大とはいえない貧相なタイプのオスゾウでした。

私にとっては頼みの綱であるミッキーが、先頭に立ってノーラメを拒否している以上、私たち人間には何をすることもできず、途方にくれるしかありませんでした。そんなおり、恩賜上野動物園から、飼育しているメスゾウのアーシャーとダヤーも、繁殖計画に参加させてもらえないかという相談があったのです。

戦後、日本は動物園ブームを迎える中で、性格がおとなしくて扱いやすいメスゾウを一～二頭ずつ飼育するのが一般的でした。しかし恩賜上野動物園では、メスゾウのアーシャーとダヤーの他にメナムというオスゾウを飼育することで、繁殖の体制を整えていました。

しかし、そんな人間の思惑とは別に、メナムというオスゾウはなぜか、アーシャーとダヤーというメスゾウに、まったく関心を示さなかったのです。

そんな事情もあって恩賜上野動物園では、アーシャーとダヤーに繁殖させる方法をいろいろ考えていたようで、ノーラメの来日はグッドタイミングだったようです。

恩賜上野動物園のゾウを預かり、万が一のことがあったときのことを思うと、軽々にお引き受けする気にはなれません。

まずは上野に行って、アーシャーとダヤーと会ってみてから決めることにしました。

それにミッキーとランディは、まったくノーラメを受け入れる様子がありませんでした。私は恩賜上野動物園のメナムというオスゾウが大好きだったこともあり、メナムとならうまくペアリングできないか、メナムも違ったメスゾウなら関心を示してくれるかもしれないという思いもあって、預かったアーシャーとダヤーの代わりに、ミッキーとランディとチンタラを上野に行かせたりもしました。

しかしメナムは自分がオスであることを忘れてしまったのか、ランディを見て怯え、終いには牙でランディのお尻を突いて怪我をさせる始末でした。

普通、動物の場合はオスとメスが揃えば、簡単に繁殖ができると思いがちですが、そんなわけがないことを思い知らされた一年でした。とはいえアーシャーとダヤーを引き受けることがきっかけとなり、私の動物園も二〇〇〇年には、晴れて日本動物園水族館協会に加盟することにもなりました。

元モデルの私が始めた小さな動物園が、一人前の動物園として認められたような気がして、私も報われた気がしたし、もう一度人生を懸けてみようと思いました。

さて一九九八年は、二年前にゾウ舎の増築をしていたとはいえ、一時期、私の動物園には、十頭近いゾウがひしめき合い、私はそれだけでも嬉しさで一杯でした。

結果としてノーラメによる繁殖計画は大失敗に終わり、なんの成果を上げることもできず、アーシャーとダヤーも上野に帰り、一年間のレンタル期間を終えたチンタラとノーラメも、七月九日にタイに帰りました。日本の動物園関係者にゾウの繁殖の重要さと、その難しさを知らしめるという意味でも、また私とゾウの関わりという意味においても、エポックメイキングな一年であったことは間違いありません。

とはいえ翌年になると、私の動物園にはアジアゾウのミッキー、ミニスター、ランディ、洋子、アフリカゾウのサンディだけになってしまいました。

ひとつの動物園に五頭ものゾウがいるだけで、それは十分に珍しいことなのですが、一年前の賑わいを忘れられない私はまさに祭りの後状態で、こころにぽっかりと穴が開いてしまったような気分でした。

前夫との結婚に始まった動物たちとの関わり、一九八三年のミッキーに始まるゾウとの関わり、そして一九九二年に哲夢が亡くなり、一度は道を見失いそうになった私を哲夢の言葉が救ってくれたことなど、人生を見つめ直して、いろいろと考えるにはちょうどいい時間ができたのです。

恩賜上野動物園でくつろぐチンタラ

第三章　ゾウの楽園

○テリー、プーリー、マミー

「さあ、もう一度、ゾウに人生を懸けよう」

さまざまな問題を抱えつつも、そう決意した私は日本動物園水族館協会（以下日動水）に加盟し、秋田県の男鹿水族館ＧＡＯで行なわれる、園館長会議に参加することになりました。

私は動物プロダクション時代、コマーシャルなどの制作会議に参加したことはありますが、プレゼンテーションの経験などまったくないし、ましてや動物の専門家が集まる堅苦しい会議など、初めての経験でした。おかげで出席したメンバーを前に、近況報告をするだけだというのに、妙な緊張を強いられましたが、それも動物園の園長という立場と責任を、痛感させてくれる新鮮な経験でした。

妙な緊張感の味を占めたというわけではありませんが、この年、仙台の八木山動物公園（現・セルコホーム　ズーパラダイス八木山）で行なわれた「ゾウ会議」にも初参加しました。

このときのテーマは「高齢ゾウ対策」で、哲夢の「日本にいるすべてのゾウを幸福にしたい」という夢の実現には、絶対に知っておかなければならない内容だったのです。

そして不遜にも日動水のメンバーの話を聞きながら、高齢ゾウ対策が問題になっているならなんとかしてやろうじゃないかと、思い始めてしまうのです。そしてアジアゾウを輸入に頼らず、国内で繁殖させることは、私にとって重大なテーマとなりました。

二度の繁殖の失敗で得た経験と知識から、私は期間の決まったオスゾウのレンタルではなく、手に入れる必要があると痛感していたのです。

一九七三年、絶滅が危惧される野生動植物の国際取引に関する条約が、ワシントンで採択されました。通称「ワシントン条約」と呼ばれるこの条約に、日本も七年後の一九八〇年に加盟しましたが、アジアゾウはワシントン条約でサイテス1の絶滅危惧種に指定されているので、一九八〇年以降は原産国からの輸入がとても難しくなっていました。

私たちはかつて、考え得る限りの伝手をたどり、なんとかタイからライティやミニスターを輸入することに成功していましたが、タイの状況も当時とは激変していて、オスゾウがレンタルになってしまったのもワシントン条約の影響でした。

それでもこれまでの人脈を使い、なんとかタイから新しいゾウを購入できないものかと頭を悩ませていたところ、前年の一九九九年四月にオープンした横浜市の「よこはま動物園ズーラシア」が、インドからアジアゾウを入手したことを知りました。

ならばと、すぐにインドからのアジアゾウ輸入に挑んだのです。こういうと私には、インドにも太い人脈やパイプがあると思われるかもしれませんが、私にそんなものはありません。

案ずるより産むがやすしという言葉がありますが、私は悩むのは飛行機の中でいいという性格で、とにかくインドに向かうことにしました。

インドに到着すると、ズーラシアの関係もあって、思っていた以上にあっさりとアッサム動物園の園長と会うことができ、スーリアというメスゾウを譲っていただけることになったのです。

スーリアはたくさんいるゾウの中でも長い脚が目を引く、私好みの可愛いメスゾウで、私は一目惚れしてしまったのです。

インドに限らず、ビジネスにはそれぞれのお国柄があります。インド人とのビジネスが初めての私は、その後、園長に要求されるままにプレゼントを手にして、何度もインドに足を運ぶことになるのですが、結果としてスーリアの購入は流れてしまうことになります。

理由はこの年、日本の皇太子ご夫妻の間に愛子様が生まれ、タイ政府はそのお祝いとして恩賜上野動物園にゾウをプレゼントすることにしました。ところが選ばれたゾウが日本への輸送中に亡くなってしまい、代わりのゾウとして選ばれたのがスーリアだったのです。

そんな事情を知れば、あきらめざるを得ませんが、数いるインドのゾウの中から、私の気に入ったスーリアがインドゾウの代表として選ばれ、日本の皇室にプレゼントされたことは、悪い気持ちにはなりませんでした。その後、スーリアは恩賜上野動物園で暮らしており、いまでもスーリアと会うたびに、あのときの苦労を思い出すのです。

一応、契約書を交わしていたにもかかわらず、スーリアを日本にプレゼントしてしまったせいもあり、インド政府からアッサム動物園ではなく、ガジランガ国立公園が交渉に応じるといってきたのです。

ガジランガ国立公園には、保護されているゾウもいれば、公園内の施設で繁殖も行なわれていたので、オスゾウのテリー、メスゾウのプーリーとマミーを購入する契約を結ぶことができました。

ちなみにプーリーは、スーリアと違って頭が大きく、チンタラのように脚が短くて、どこかボーッとしていたこともあり、最後まで購入を悩みました。

しかしあのときはノーチョイスという状況でしたので、クルマが埃を巻き上げる道を何度か通っただけで、二頭のメスゾウの購入を決めざるを得なかったのです。

そして二〇〇一年十二月十五日、オスゾウのテリーが成田に到着するのですが、添付されていたテリーの書類に目を通していた私は、奇遇にもテリーの誕生日が一九九二年十一月十二日、哲夢の葬儀が行なわれた

テリー

プーリー

マミー

日であることを知ります。

世の中には奇遇や奇縁がありますが、テリーが来園したことの奇縁を私は感じずにいられませんでした。

しかもこのテリーが、その後、「市原ぞうの国」で生まれる子ゾウたちの父親になってくれたのです。

テリーが到着したことでまずは一安心の私でしたが、またしても事件が起きたのです。待てど暮らせど、二頭のメスゾウたちが到着しないのです。

前金でお金も払っていることだし、契約にのっとって二頭も送られてくるものと思っていたのですが、待てど暮らせど連絡もなければ、ゾウも届かないのです。私が連絡したところ、事情はわかりませんが、なぜか代金を一度返却するので、二頭の契約をやり直してくれというのです。

相手が国立公園とはいえ、二頭の購入がご破算になってはたまらないので、円高による為替差損も覚悟で先方の要望を飲み、再契約のためにインドに向かいました。

そして二〇〇二年十月九日、待ちに待ったメスゾウのマミーとプーリーが、年に一度、日動水が開催する「ゾ

インドからの３頭を加えたクリスマス

ウ会議」の日に来日し、「市原ぞうの国」はミッキー、ミニスター、ランディ、洋子、サンディ、テリーとともに、八頭のゾウを抱える動物園となったのです。

マミーは一九九八年一月二十四日に生まれた四歳の子ゾウで、私がインドで会ったときには、まだお母さんゾウと一緒で、別の親子ゾウとともに四頭で暮らしていました。

その後マミーは日本に来るために子別れの儀式を行なって調教を行なうのですが、このときに背中に大きなキズを負ってしまいました。

母ゾウを鎖で杭に固定して、強制的に行なう子別れの儀式は壮絶で、母親ゾウは子ゾウを奪われまいと必死の抵抗をします。このときに母親ゾウも子ゾウも傷つくことがあるのですが、いまではマミーたちの来日が遅れたのは、その怪我が原因だったのではないかと思います。

ちなみにマミーに会ったときに、ガジランガ国立公園で二組の双子ゾウに会うことができました。双子ゾウは大変珍しいのだそうですが、とにかく可愛らしくて、プーリーも双子の子供を産んでくれないかなと思っています。

ゾウを輸入しようと決め、すぐにスーリアの購入が決まったときには、自分の幸運に浮かれた私ですが、結局、都合九回もインドに通っていました。

○勝浦の土地を買う

二〇〇〇年に仙台で開催された「ゾウ会議」に参加した私は、そのときのテーマだった高齢ゾウの現実と実態を知ったことで、日本の動物園が抱える繁殖と高齢ゾウの管理という問題の根本的な解決策は、ゾウが自然体で暮らせる「楽園」を作ることと思い、不遜にも自分がそれを実現してやろうと思い立ちます。

とはいえ考えるのは簡単ですが、小さな動物園の園長にすぎない私が、現実に「楽園」を作るのは簡単なことではありません。思いはあるけれど、第一歩を踏み出せないまま二年あまりが経過した二〇〇二年、アメリカに行って私の父親を捜すというテレビ番組企画に出演することになり、六月、番組のクルーとともに渡米します。

結果として、父親は八回も結婚を繰り返した末に、私が十六歳のときに他界していたことがわかり、父親に会うことはできなかったのです。

しかし、そこで会えた親族たちから、もうひとり私とは母親の違う妹がいることを教えてもらい、その妹にも会いに行くことになったのです。そしてこれもまた奇遇なのですが、父親にとって彼女の母親こそが、私の母と私を日本に残し、アメリカに帰る原因となる女性だったのです。

実際に会ってみると、妹は父親に会ったことがなく、父親と一緒に写った写真も持っていませんでした。苦学をして弁護士となり、コロラド州デンバーの裁判官をしていましたが、彼女の口から聞かされた話によって、私の人生の空白となっていた部分を埋めることができたのです。

しかしこのときに何よりも驚いたことは、奇遇なことに妹もゾウ好きで、人形やグッズ、壁紙やカーテンといった家のいたるところで、ゾウが飾られていたのです。

理由を聞くと、彼女はカンボジアに法学を教えに行ったときに、ゾウと出会って魅せられたということでした。

その彼女に、私が日本で一番ゾウを飼育している動物園の園長であることを伝えると、彼女は両手で顔を覆って泣き出してしまったのです。父親が同じなのですから、歯や爪の形が似ていることより、私も彼女もゾウに魅せられていたということに、運命の不思議を感じました。

上．2002年夏
　義姉（左）と妹ワニータ　家族写真
　猫はトラミ

左．ミシシッピーの動物園で
　うかれる私

そんな妹との出会いによって、子供の頃から、ずっと人にいえなかったモヤモヤとした部分が吹っ切れ、勇気をもらった気がしました。

高校を卒業した頃、当時、結婚を約束した恋人の母親から、「どこのウマの骨ともわからない」と恋人との関係を引き裂かれ、それがトラウマになっていました。

その後、その母親とは仲直りをしましたが、妹に会ったことでトラウマから解放され、帰国後すぐに、その母親の眠る墓前に行って、アメリカで知ったこと、起きたこと、私の中で変わったことのすべてを報告しました。そして哲夢の墓前では、「ぞうの楽園」作りに着手する決意を報告し、勝浦にある十ヘクタールの土地の購入を決めました。

これは余談になりますが、「ぞうの楽園」作りのための土地は、さまざまな借金の抵当に入っていたこともあり、予想もしなかった経験をすることができました。

通常、土地や家といった不動産の購入をする場合、ほとんどは金融機関からの振り込みだと思いますが、銀行の応接間を借りて債権者ひとりひとりに借用証と引き替えに現金を渡したり、担保権を外したり登記を変えるために、司法書士と債権者がそのつど登記所に行ったりと、一日がかりの大仕事でした。

しかし、そのときの苦労は序章にすぎず、土地を購入した後に本当の苦労が待っていたのです。

買った土地の開発許可にはさまざまな制約があり、そこを切り開いて「ぞうの楽園」を作るには、役所から許可を得なければなりません。

私は素人ですから、役所の担当者からいちいち説明を受けなければわからないし、こちらは自分の土地に「ぞうの楽園」を作りたいだけなのに、なんでここまで指図されなきゃいけないのと思ってしまうほど、面倒なことの連続でした。

しかし、それさえも苦労の序章にすぎず、許可をとれた後にこそ、本当の難問が待ちかまえていたのです。

山を切り開くには道を造り、生えている木を伐採し、土地を造成しなければなりませんから、スタッフとともに重機を持ち込んで作業を始めたのですが、作業中にユンボが何度も山から転がり落ち、幸い怪我人は出なかったものの命がけの仕事でした。

勝浦にて　必死のユンボ

○キヌ子

テリー、マミー、プーリーたち三頭のインドゾウの仲間入りで、俄然、賑やかになった「市原ぞうの国」に、あるサーカスからキヌ子というゾウの、引き取りを依頼されました。再び「ゾウとともに歩む人生」を進み始め、「日本のゾウを幸福にしたい」という哲夢の夢の実現を人生のテーマにした私は、躊躇することなくお引き受けすることを決め、キヌ子を大分まで引き取りに行きました。

キヌ子は鉄の板の中央から出た短い鎖に繋がれた、二十

さて何に見えますか？

代の元気なメスゾウでした。

この板はゾウが鎖を外すか引きちぎらない限り、自分が乗っている板を引きずって逃げることができないという、サーカスならではの狭い場所にゾウを繋ぐことが可能な方法で、オペラ「アイーダ」にミッキーたちを出演させたときに使った繋留機具です。

私は僭越《せんえつ》とは思いましたが、サーカスの団長の奥さんにキヌ子を手放す理由を聞いてみたのです。

「キヌ子と別れることはつらい。でも、キヌ子の調教師を解雇するには、キヌ子を手放すしかないの」

そういって目頭を押さえた奥さんに、胸を締め付けられる思いでした。

先述しましたが、ゾウを飼育するには、調教師も雇わなければなりません。

ゾウは口をきけませんが、調教師は人間ですから文句もいうし、飼い主はどんなに相性が悪いと思っても、その調教師を受け入れないわけにはい

前後の脚にはチェーンがかけられ、前脚は中央に固定されている

かないのです。

幸い私は、恵まれてきたと思いますが、中にはどうしても理解し合えない人がいなかったわけではありませんので、奥さんの気持ちが痛いほどわかりました。

最近、アメリカの名門サーカス「リングリング・サーカス」がゾウを手放してショーを辞めたことで入場者が激減し、解散することになったという話がニュースになりましたが、その後、キヌ子がいたサーカスもほどなくして閉鎖してしまいました。

キヌ子は同じサーカスにいたランディと違い、ちょっとした音にも反応してビクビクしている、とても神経質なゾウでした。原因はいろいろあるのでしょうが、調教師と飼い主の人間関係がキヌ子の育て方にも影響していただろうし、調教師の不満がキヌ子にぶつけられ、理由もなく怒られていた可能性は、さぞかし大きかったことと思います。

そんなキヌ子ですが、例によってミッキーが仲立ちをして八頭のゾウの仲間として迎え入れられ、うちの調教師たちの世話を受けるようになると、ビクビクすることもなくなり、すぐにぞうさんショーにも参加できるようになり、舞台は一頭で芸を見せていたサーカスからかわりましたが、子供たちに夢を与えられる存在になりました。

しかしそんなキヌ子ですが、翌年の二〇〇三年四月二十三日、突然、亡くなってしまいました。

前日まで元気いっぱいで、お腹を痛がるといった症状もなかったキヌ子が、突然倒れたかと思うと、そのまま息を引き取ってしまったのです。

私は前述したとおり、亡くなったゾウの解剖を許しませんので、正確な死因はわかりませんが、キヌ子は二十代でしたが、おそらくお菓子の袋などのビニールなどを食べてしまったことが原因だったかもしれません。

キヌ子が仲間に加わり、また一方で勝浦の「ぞうの楽園」の建設が始まったことで、当時、多忙を極めていましたが、なんとか都合をつけてこの年の「ゾウ会議」に参加しました。するとそのときに、閉園が決まった阪神パークから、

「アキ子とキク子という、年老いた二頭のゾウの引き取り手がなくて困っています。二頭の余生の飼育料と管理料はお支払いしますので、なんとか引き取っていただけないでしょうか」

という相談を持ちかけられました。話を聞き終えふと周りを見ると、その場にいた全員の視線が私に突き刺さっていました。

これまでゾウを手に入れる際、購入するか、無償で引き取るという経験しかありません。管理料をいただいてゾウを引き取るという話は初めてのことでした。

日本にいる「高齢ゾウ問題」へのひとつの解決策として、勝浦市の土地を買って、年老いたゾウたちがコンクリートではなく土の大地を踏みしめながら暮らし、一生を終えられる施設として工事を始めました。

これは「日本にいるゾウたちを幸福にしたい」という哲夢の思いを実現することでもありましたから、具体的な運営方法なども詳細に考えていたわけではありません。私が引き取ったゾウたちには、飼った者の責任として、最期まで面倒をみてあげたいくらいにしか考えていませんでした。

日本の高齢ゾウ問題が深刻なことはわかっていましたが、まだ施設が完成もしていないのに、頑張ってくれたゾウを有料老人ホームのように管理料を払ってでも、入れたいと思っている人がいるとは、夢にも思いませんでした。

ゾウに対する私の考え方に、賛同してくれる人がいてくれることがとても嬉しかったし、その一方で日本の

○アキ子、キク子

上．阪神パークでのアキ子とキク子
下．報道陣に囲まれて到着

高齢ゾウ問題がそこまで逼迫しているのだとも思い、ともかく完成、開園を目指して頑張ろうと思いました。

阪神パークから晴れてぞうの国の仲間となったキク子とアキ子は、二頭ともタイ生まれで、キク子が来日したのが一九五〇年で、当時の推定年齢は五十九歳、アキ子が日本に来たのは一九五四年で年齢は当時で推定五十四歳という高齢ゾウでした。

二頭とも老齢の上に、五十年以上も平坦なゾウ舎から一度も外に出たこともありませんでしたから、足腰はかなり弱っていて輸送用のトラックに上がることもできません。

二週間の訓練をしてトラックに乗せ、市原に到着したのは二〇〇三年四月十一日のことでした。キク子とアキ子の移動の際にはたくさんの取材が入り、私はその対応でてんてこ舞いでした。

年老いたキク子がかなり弱っていて、元気がないことはわかっていたのですが、残念ながら市原に到着して七ヶ月後の十一月二十七日、キク子は五十九歳で亡くなってしまいます。

キク子の遺体は市原から勝浦に運んで埋葬しましたが、クレーンで吊り下げられたキク子の遺体が墓穴に降ろされる瞬間、

「キクちゃん、これが土なんだよ。歩かせてあげられなくてごめんね」

と謝るしかありませんでした。キク子が老齢で老い先短いことをわかっていたし、たった七ヶ月しか面倒をみてあげることができませんでした。それでもいざ亡くなると哀しみは深く、「ぞうの楽園」を運営することの本当の難しさを思い知らされたのです。しかしアキ子とキク子の記事がマスコミに発表されたことにより、思いがけない展開が待ち受けていました。

この記事がきっかけとなり、出版社から執筆依頼を受け、文春ネスコから『ちび象ランディと星になった少年』、祥伝社から『ゾウが泣いた日』の二冊を上梓することになったのです。『ちび象ランディと星になった少年』が発売され二週間ほどすると、フジテレビから映画化の話が持ち込まれるのですが、当時、カンヌ

国際映画祭の男優賞を十四歳で受賞した柳楽優弥さんが話題になっていて、そのニュースを見た私とプロデューサーは、一目で「主役は彼で決まり」と思い、それが現実となるのです。

映画化が正式に決定すると、キャスティングやロケ場所などの選定が始まりました。うちにいるゾウさんたちを総動員して子ゾウ役にはマミーを使い、「市原ぞうの国」の近隣で撮影してほしかったのですが、公開時期が夏であることを考えると撮影が冬場になってしまうこともあり、撮影は暖かいタイでしようということになりました。

『星になった少年』
原作：坂本小百合『ちび象ランディと星になった少年』（文藝春秋 刊）
監督：河毛俊作
脚本：大森寿美男
©2005 フジテレビジョン　東宝　S・D・P

第四章　繁殖成功、そして未来へ

○「勝浦ぞうの楽園」オープン

二〇〇五年に映画『星になった少年』の公開が終わり、一息ついた九月、「勝浦ぞうの楽園」をオープンします。マスコミの注目度は高く、十三社の報道各社への取材対応だけで二時間以上もかかってしまう盛況ぶりでした。

すでにキク子は亡くなっていたので、アキ子が入園一号となりましたが、メスゾウは集団で暮らす動物ですから、寂しい思いをさせないように、交代で必ず仲間の誰かを一緒に行かせることにしました。

最終的にはアフリカゾウのサンディがアキ子に付き添うことになるのですが、サンディは冬場になると皮膚に浮腫ができて、皮膚がボロボロと剥がれてしまうのです。

サンディがいた北海道のスバルパークでは、全動物舎に温泉を利用したスチーム暖房を使っていたのですが、アフリカゾウは乾燥地帯に生息する動物ですから、過剰な湿度が影響して皮膚に異常をきたすようになったのだと思います。

そんなサンディを自然体での水浴びや砂浴び、皮膚を岩に擦りつけるといった行動を自由にできるようにすると、不思議なことにサンディはその後、皮膚に異常をきたすことはなくなりました。

一方アキ子は、散歩と二〇〇三年に亡くなったキク子のお墓参りを日課とし、好きなものを好きなだけ食べて、という暮らしを続けました。

上．楽園でくつろぐアキ子

左．オープニングの日
後ろの建物は私の小屋
ランディ　（左）
ミッキー（右）

年老いたアキ子は亡くなるまでに、何度も食欲を失っては立ち直りを見せるのですが、食欲を失ったときに様子を見に行くと、アキ子は私に外へ出ようと執拗に誘うのです。

大好きなリンゴを少ししか食べられない状態でしたので、無理なのではないかと思いましたが、それでもアキ子が行きたがるのだからと思い、ゾウ舎から出しました。

するとアキ子は、ずいぶん前に伐採された倒木のところに行き、枯葉を食べ始めたのです。

大好きなリンゴをわずかに食べるだけで、乾し草やペレットを一切受け付けなくなっていたアキ子が枯葉を食べ終えると、今度は枯葉の付いた枯れ枝を器用に鼻で束ね、自分の寝床へと運んだのです。

そして不思議なことに、この枯葉をきっかけにアキ子は持ち直してしまったのです。

このアキ子が見せたのと同じ行動例は、どこにも報告されていませんが、ゾウは食欲不振になったときに食欲を増進させてくれる食物を本能的にわかっていて、それが枯葉だったということでしょう。

それでも寄せる年波にはあらがえず、アキ子は一切の食物を受け付けず、横になったまま最期のときを迎えようとしていました。大好きなリンゴを細切りにし

勝浦ぞうの楽園でライドをするミッキー

たものを口元に運んであげると、美味しそうに食べてくれたのです。そしてこのとき、私にはアキ子の「ありがとう」という声が、確かに聞こえたような気がしました。

スタッフが「やっぱりママが与えたエサは食べるんだ」と感心する中、二〇〇六年七月二十四日、静かに息を引き取りました。

莫大な資本をかけ、アキ子とキク子が並んで埋葬されている「勝浦ぞうの楽園」が現在休園していることはとても悔しいことです。

しかし、遠い外国からやってきて、長い間私たち日本人を楽しませ、癒してくれたゾウが、役目を終えた後、私たちの仲間として迎え入れることで狭いゾウ舎から解放し、自然の中で一生を終えさせてあげられたことに満足しているし、納得もしています。かつてストーミーをタイに帰したときに経験した悔しさや、嫌な記憶を払拭することもできたし、あのときに受けた傷も完全に癒えたのです。

ミッキー　ランディとブランコ

アキ子とキク子との付き合いは、決して長いものではありませんでしたが、二頭が来たことによって本を書くことができ、それが映画化されたのです。

私の人生において、この二頭のゾウが嬉しくも大きな節目を作ってくれたことは確かなのです。

○動物の分類について

ここでいう動物の分類は生物学的な分類ではなく、「種の保存法」による動物たちの分類です。

例えば「市原ぞうの国」にいるチンパンジーのスマイルですが、チンパンジーは「種の保存法」によって、学術研究、展示、繁殖、その他法令で定める目的に限り、許可を得て譲渡が可能と定められているので、スマイルは動物園での展示目的で届けを出して購入しました。

展示目的ですから、イベントなどに参加するための移動も自由で、二〇〇六年にスマイルがゴメス・チェンバリン役で人気を博した「チンパンニュースチャンネル」（フジテレビ）に出演することになりました。

スマイルの動きに合わせ、ビビる大木さんが当てレコをするカウンターカルチャー的な深夜番組で、若者の裏アイドル的人気を博したのです。

しかし出る杭は打たれるというように、動物を擬人化して人気を博したバラエティ番組に対する批判も多かったのですが、スタッフはそれにもめげずに番組を育て上げ、プライムタイムにまで進出しました。

しかし、さすがにプライムタイムを飾る、エンターテインメントバラエティとしては力不足だったのか、番組は打ち切りになってしまいました。

それでもこの番組のおかげでスマイルは大人気となり、連日押しかけてくれるお客様に上機嫌でした。

しかし番組が終了してしまい、外に出て人間と関わる機会を失ったストレスから、スマイルは突然、自分の腕の毛を抜き始め、ノイローゼになってしまったのです。

このスマイルには「天才！志村どうぶつ園」に出演していた、熊本の阿蘇カドリー・ドミニオンのパンくん、ユニバーサル・スタジオ・ジャパンのジラという兄弟のチンパンジーがいます。

三頭の父親はオランダ生まれのアンチャン（宮崎市フェニックス自然動物園）で、三頭とも母親の育児放棄にあって人工飼育されましたが、とても頭のいいチンパンジーです。

パンくんはスマイルと同様に、テレビで人気者となりましたので、記憶されている方も多いかと思いますが、彼の場合は園内にメスのチンパンジーがいたために、繁殖目的で届けが出されて購入されていました。

ですからパンくんは法律上、阿蘇カドリー・ドミニオンの敷地以外で、テレビ出演の撮影をさせてはいけなかったのです。当時、放送業界でも法令遵守が徹底されるようになっていて、パンくんがどうしてテレビ出演できたのか事情はわかりません。しかし問題はどんどん大きくなり、番組演出上の擬人化まで問題視されるようになってしまったのです。

私はテレビ番組などで、動物のことを知って興味を持ってもらうきっかけ作りとして、チンパンジーのかわいらしさを利用した、ある程度の演出をすることは必要だと思います。人間が決めた「種の保存法」の分類によって、活動が限定されていることのほうが、はるかに問題だと思います。

その後、阿蘇カドリー・ドミニオンは日動水を退会し、パン君の番組出演を続けましたが、現在、テレビにはパンくんではなく、その娘が出演しています。

彼女は日本生まれで、生まれた阿蘇カドリー・ドミニオンにいるから、今後、移動されない限り、「種の保存法」による分類の縛りを受けることはありません。

当然、テレビ出演による展示だけでなく、繁殖や研究にたずさわっても、なんの問題もないのです。

パンくんも娘も同じチンパンジーであって、外見では二頭の種の保存法上の分類の違いはわからないし、生物学上もなんら違いがないのです。

パンくん親子を見る限り、同じ動物を分類して譲渡を可能にすることが、種の保存とどこでどう繋がるのかまったくわかりません。

じつは先述した映画『星になった少年』でも、この「種の保存法」による分類が、もうひとつの大きな壁となりました。私は子ゾウ役でマミーを出演させたかったのですが、マミーはテリー、プーリーとともに、繁殖目的で輸入が可能になったゾウだったのです。

○ゆめ花

二〇〇七年五月三日の午前一時四十五分、私がインドで見つけたプーリーが、ついに念願の赤ちゃん、ゆめ花を産んでくれました。

プーリーの繁殖、ゆめ花出産にいたるまでのドキュメントは、在京民放が独占で撮影してくれていたのですが、スマイルとパンくんの事件の影響を受け、放送されることはありませんでした。

あの騒動にわいたマスコミによって、スマイルとパンくんは一緒にされ、なぜか「市原ぞうの国」までが、「種の保存法に違反した動物園」という烙印を押されてしまったのです。

こうなると、いくら事実関係を説明して誤解を解こうにも、多くのマスコミは聞く耳を持たないし、一度すり込まれたイメージを打ち消すことはできませんでした。

「市原ぞうの国」は、私が動物プロダクションで扱ってきた動物たちに、広い敷地で人間と触れ合いながら、幸福に一生を過ごしてほしいと思って作った施設です。

ですから園内に展示されている動物たちは、動物プロダクションに所属するタレントでもあるわけです。

動物プロダクションの立場でいえば、イヌに口パクをさせたり、動物に服を着せるといった擬人化も、CMやエンターテインメントの世界では当たり前ですし、子供たちに動物への興味や好奇心を喚起するという意味では、これほど効果のある方法はないと思っています。

地方自治体の予算で運営され、倒産の心配のない公立動物園とは違い、私立の阿蘇カドリー・ドミニオンにとって、パンくんの出演料は設備投資や企業の存続を左右する大切な収入だったと思うし、退会という選択をしたのも無理からぬ決断だったと思います。

「市原ぞうの国」が出演するテレビ番組といえば、ゴールデンタイムのファミリー向け動物バラエティが中心でしたので、私自身、松岡修造さんがレポーターとなって、大人向けの報道番組「報道ステーション」で特集されようとは、夢にも思っていませんでした。

「報道ステーション」でゆめ花が紹介されるや、直後からホームページはパンク状態になりました。

マスコミによって窮地に立たされ、それを救ってくれたのがマスコミというのは、なんだか皮肉な話ですが、プーリーがスマイルの騒動の直後にゆめ花を産んでくれたおかげで、「市原ぞうの国」は日本でのゾウの自然繁殖に成功した動物園として、さらなる注目を浴びることになったのです。

その後、日本で唯一、母ゾウのプーリーによる育児にも成功したことで、日動水から「アジアゾウの繁殖賞」

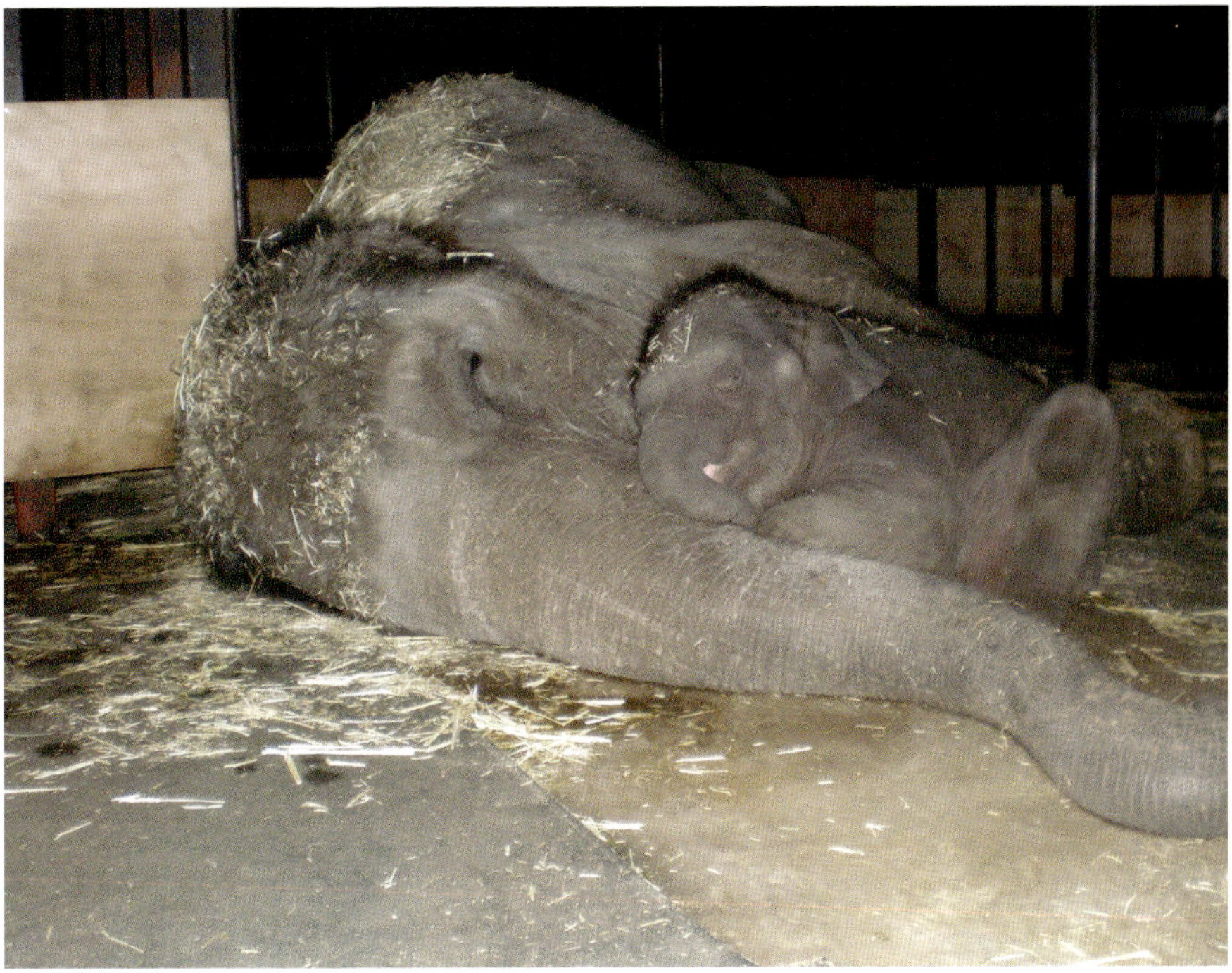

ぐっすり眠る親子

をいただき、表彰されることになるのです。

当然、多くの動物園がアジアゾウの繁殖に関してチャレンジしていますし、出産にまで漕ぎつけた例もあるのですが、結果として死産であったり、母ゾウが赤ちゃんの面倒をみなかったりで、育つことはありませんでした。

ゆめ花が生まれた後、二〇〇七年十月二十一日、「オウジ」と名付けられた赤ちゃんを産んだ王子動物園のズゼは、それまでに、二〇〇二年一月十一日に死産、二年後の二〇〇四年三月二日に産んだ二頭目の「モモ」は育児放棄してしまいます。

そしてズゼは「オウジ」に対しても、育児拒否をしてしまいました。

自然界でなら、母ゾウの育児放棄などあり得ない話なのでしょうが、一九九〇年にラトビアで生まれ、三ヶ月で母ゾウが亡くなり、六年後の一九九六年九月に王子動物園に寄贈されたズゼは、長い間、限られた空間で人間に育てられたために、そんな本能すら失ってしまうことがあるのかもしれません。

ズゼの育児放棄の原因は不明ですが、いずれにしても赤ちゃんゾウを育てるには母乳が不可欠です。

王子動物園では、ズゼが二子目のモモを出産後に育児放棄してしまったため、カナダで生産されていたゾウミルクを輸入して、人工飼育をするしかありませんでしたが、結局、モモは十三ヶ月後に、「下垂体依存性クッシング」で亡くなってしまいます。

なんとか出産まで漕ぎつけた後に、母ゾウが育児放棄をするなんて誰も考えないし、母親に見捨てられた子ゾウを人工的に育てようにも、飼育用のミルクひとつ簡単に手に入らないのが日本の現実だったのです。

後に森乳サンワールドが、ゾウミルクの開発・生産に取り組んでくれることになり、プーリーとズゼの母乳を分析したゾウ用の人工ミルクが、生産されるようになるのです。

そして七年後、この問題の母ゾウ、ズゼが来園することになるのです。

○子別れ

その後、ゆめ花は無事に成長してくれますが、問題は子別れの儀式です。ゆめ花が二歳になった五月、調教師たちはプーリーとゆめ花を駐車場に降ろし、プーリーは太い木に繋ぎ、ゆめ花だけをトラックに乗せて勝浦に運びました。

一口に子別れの儀式といっても、母親のプーリーも、娘のゆめ花も泣き喚き、嫌がって暴れ回る、とてもつらい瞬間です。勝浦へは私も同行し、息子の峰照も一晩中付き添っていましたが、哀しそうな声で母親のプーリーを呼び続けるゆめ花には、胸が引き裂かれる思いでした。

三日後、ゆめ花はまるで嘘のように鼻でフラフープを回して遊んでいました。

ゆめ花を一頭にするわけにはいきませんので、三日後に介助役としてミッキーを連れていきました。

かつてミッキーは、初めて見る赤ちゃんゾウのミニスターをまるで自分の子供のように受け止めてくれたゾウですから、私は躊躇なく彼女をゆめ花の介助役に決めたのですが、案の定、ミッキーはすぐにゆめ花を受け入れました。

そんなこんなで三週間が過ぎ、ゆめ花を市原のゾウ舎に帰すことになるのですが、ゆめ花との再会にさぞかしプーリーが喜んでくれるだろうと、私もその日を楽しみにしていました。

そしていざ再会の日、私はプーリーを見て拍子抜けしてしまいました。

プーリーはゆめ花を見ても知らんぷり、うんでもなければすんでもなく、ゆめ花もミッキーにべったりで、母親のプーリーを見ても知らん顔です。

どうしてそうなるのかわかりませんが、私はゆめ花がプーリーの娘から、ミッキーがリーダーとして率いる、「市原ぞうの国」の群れのメンバーとなったということだと思っています。

二〇〇七年にゆめ花が生まれてから、「市原ぞうの国」はミッキーをリーダーとする七頭のメスゾウとオスゾウのテリー、アフリカゾウのサンディという九頭体制が六年ほど続きます。

ゆめ花は無事にぞうさんショーにもデビューすることができ、女の子らしくリボンを付けた可愛らしい姿に、多くの子供たちが歓声を上げ、多くの拍手をいただくようになりました。

かつて哲夢とランディは、仕事の帰りに浜辺で海水浴を楽しんだりしていましたが、ゆめ花にも勝浦の海岸で遊ばせてあげることができました。

しかし物事というのは、立場によって受け止め方がまるで違います。

二〇一〇年には、離婚した前夫が亡くなります。

私たち夫婦の離婚にしてもいろいろ意見はあると思いますし、互いにさまざまな試練や苦労を乗り越えてきました。しかしあの離婚がなければ、現在の「市原ぞうの国」はなかったし、彼にしてみても携帯電話のCMで話題になった北海道犬カイ君の発掘と成功もなかったのです。

「市原ぞうの国」でゆめ花が生まれたことで、彼があれほど拘っていたアジアゾウの繁殖に成功し、日動水の表彰を受けるまでになったのに、無視されたことは本当に残念でした。

ゾウの海水浴にしても、私は純粋にゾウのレクリエーションとして復活させたにもかかわらず、それがいつしか人寄せになってしまっていることが、どうしても腑に落ちずにいました。

そして翌二〇一一年三月十一日、日本は東日本大震災に見舞われます。

あのときにテレビで目の当たりにした海の怖さと悲劇、もしゾウに海水浴をさせ、多くの人々が見に来ているときに津波が起きたらと思うと、私は恒例となっていたゾウの海水浴を続ける気にならず、現在に至っています。

海水浴を楽しむミッキーとゆめ花

○りり香

東日本大震災の年、私は「サユリワールド」をオープンします。

「勝浦ぞうの楽園」をオープンしたことで、ゾウだけでなく他の動物たちにも、柵やオリのない環境で、動物と人間の共存をテーマとする生態展示ができないものかと思い、それをなんとか実現したのが「サユリワールド」です。そしてこの年には嬉しいことに、プーリーの第二子受胎が確認できました。

しかし前述しましたが、ゾウの妊娠期間は二十二ヶ月ですから、受胎確認した当初の緊張感が二年も続くことになります。

ある意味では平穏なまま、私は二〇一三年九月三日、りり香の誕生を迎えることとなります。

プーリーもゆめ花を産んだ初産のときは大騒ぎだったのですが、二度目となるりり香のときは緊迫した様子もなく、私は自宅に帰っている状態でしたから、毎晩、記録撮影に来ていたテレビクルーも、撮影準備に入らないままでした。プーリーにそんな

サユリワールドで暮らすハッチ　ハニー　シゲキ

生まれたばかりのりり香

人間の気持ちがわかるわけもなく、三日の早朝、まったく人間の手を煩わすことなく、りり香を産んでしまったのです。

肝心な出産シーンを撮影できなかった、テレビクルーの落胆ぶりは大変でした。

○ズゼ

プーリーがりり香を産む四ヶ月前の二〇一三年の五月に、埼玉県で日動水の総会が行なわれ、その席で私はある相談を受けることになりました。

王子動物園でズゼの第四子受胎が確認されていたのです。

「市原ぞうの国」で自然哺育されているゆめ花は、健康そのもので順調にすくすくと成長してくれていたこともあり、王子動物園では「市原ぞうの国」に、ズゼの出産と生まれた赤ちゃんゾウの育児をお願いできないかということになったのです。

王子動物園は神戸市立の公立動物園で、前身の諏訪山動物園は一九二八年の開園ですから、当時でも約八十年の歴史を誇る動物園です。

公立動物園ではスタッフに学者のような人が多く、日本の動物園の歴史をリードしてきた、動物の展示、飼育の専門家としての誇りも高く、素晴らしい実績を残しているのです。

ことにアジアゾウの繁殖に熱心な王子動物園から、ズゼの出産・育児相談について協力要請を受けたということは、私立動物園の園長としては、感慨深いものでした。私は生来、考えるより行動してしまうタイプです。自分がしてきたことを認められた嬉しさと興奮もあり、王子動物園の依頼を快諾してしまったのです。

そして後に、それがどんなに大変なことであるかを思い知らされるのでした。

それまでにズゼが産んだ三頭のゾウの父親は、スイスのキンダー・ガーデン動物園生まれのマックです。長い脚で体格もよく、立派な牙に肌の白い、私にとっては恩賜上野動物園のメナムにも劣らない、大好きなオスゾウです。

ズゼもとても大きなゾウで、太った体を揺らしながらゾウ舎へ入っていきました。ズゼは母親以外のメスゾウに会ったことがないので、ミッキーたちを見ても警戒し、落ち着かない様子でした。

○ゾウの会話

私はミッキーが新しい仲間と会った時の姿を見るたびに、彼女らがなんらかの会話をしているということを知っています。

最近では研究が進み、ゾウ同士のコミュニケーションはクジラと同じように、三十キロも届く低周波を使って、行なわれているということがわかってきています。

「市原ぞうの国」でも小林理学研究所に協力し、ゾウたちが発する低周波の計測を行なったのですが、例えば仲間のゾウが出産する時には、全員がシーンと押し黙っ

ズゼにふれて仲間になろうとしているランディ　ミッキー　ゆめ花

たかと思うと、一斉に低周波を発したりするのです。

少し前、外国人の双子の赤ちゃんが「アーアーウーウー」といいながら、会話のようなことをしている可愛らしい映像が話題になりましたが、赤ちゃんゾウも低周波によるコミュニケーションができている可能性があり、赤ちゃんゾウ同士を一緒にしておくと、なんらかの会話をしながら楽しそうにしています。

赤ちゃんゾウのコミュニケーションが、どうやって成立するのかわかりませんが、大人のゾウはタイやインドといった出身地に関係なく、共通の言語であるゾウ語を使っているようです。

例えば知らぬ同士のイヌを対面させれば、互いに唸り、吠え合ったりすることが多いです。

ところがゾウの場合は、まるで初対面の人間が挨拶をして自己紹介するように、きわめて穏やかな対応を見せながら、なんらかのコミュニケーションをとっているのです。

「市原ぞうの国」では、新たな仲間として加わるゾウには、リーダーのミッキーと対面させるのですが、単なる「慣れ」という言葉では説明のつかない、会話しているとしか思えないことが何度も起きました。

ぞう使いのいうことを聞かず、オリから出ようとしないゾウが、ミッキーと対面してしばらくすると出てきたり、右足を上げる合図を教えていない子ゾウが、ミッキーと一緒にいると合図をしただけで右足を上げたりするのです。

つまり、これらの例はミッキーが会話によって「オリから出なさい」とか、「膝の裏をコウで触れられたら、その足を上げなさい」と、教えているとしか思えないのです。しかし前述したキヌ子、ストーミー、はま子のように、長い間、他のゾウと関わりを持つことなく飼育されてくると、ミッキーと対面しても戸惑いを見せることがありました。

ですが、しばらくすると、仲良くなってしまいます。

これは孤独に生きてきたために、言葉を忘れてしまっていたキヌ子、ストーミー、はま子が、ミッキーから語りかけられたことによって、言葉を思い出したのだと思います。

さすがにアフリカゾウのサンディが、アジアゾウの群れに慣れるのには時間がかかりましたが、いまでは明らかにサンディも仲間とコミュニケートしています。

私たちの知らない間にプーリーがりり花を出産したとき、ゾウ舎内の隣にはサンディがいてプーリーを励ましていたと思います。そう考えるとゾウの言葉は、アジアゾウもアフリカゾウも基本は一緒だけど、方言のようなものがあるような気がしています。

○結希

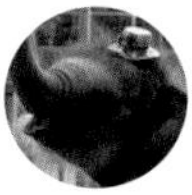

市原に来たズゼは出産を控えて、メスゾウとの暮らしの経験がなかったのか、なかなか仲間とうち解けられませんでした。

王子動物園の閉園時に流れる音楽を流してあげると、ズゼもなんとか落ち着きを取り戻してくれました。四月に入ると少しずつ陣痛が起き始めました。ズゼが四回目の出産にもかかわらず、二ヶ月間におよぶ陣痛があったことを思うと、やはり難産体質なのでしょう。

私はタイの「ランパンぞう保護センター」の元センター長、ドクター・プリーチャー、群馬サファリパーク園長の川上獣医とともに、散発的に襲ってくる大小の陣痛の痛みに苦しむズゼを見守りながら、ズゼの出産日を待ちました。

ドクター・プリーチャーは、ズゼの様子を見てまだ大丈夫だろうと、韓国での所用を済ますために一泊の予定で日本を発った六月十二日、ズゼに本格的な陣痛が起きました。それから出産までは特に変わったこともなく、ズゼは陣痛に苦しみながらも無事に赤ちゃんを産みました。

ズゼは、おとなしく赤ちゃんに鼻を伸ばしたりしていましたが、授乳はどうしても嫌だったようです。隣の部屋に移動した赤ちゃんゾウは、ズゼから搾った初乳を与えられますが、それだけで足りるわけもありません。赤ちゃんゾウはすぐにお腹がすいたと鳴き喚き出し、それを聞いたズゼも鳴き出しますが、不思議なことにプーリーもりり香も、赤ちゃんゾウの声に反応していたのです。

翌日、ドクター・プリーチャーが韓国から戻り、王子動物園の園長・高井氏を交えて今後の対応を協議した結果、赤ちゃんゾウをプーリー親娘に対面させることにしたのです。

私はミッキーがなんの抵抗もなく、初対面だった赤ちゃんゾウのミニスターを受け入れる姿を見ていたし、赤ちゃんゾウの鳴き声にプーリーが反応していたことに、何か意味があるような気がして、ぜひ試してみたいと思っていたのです。

そして赤ちゃんゾウを対面させてみると、案の定、プーリーとりり香はまるで待っていたかのように、赤ちゃんゾウを受け入れ、授乳をゆるしてくれたのです。

これは私見ですが、ズゼとプーリーは出産前から低周波でのコミュニケーションを繰り返しながら、出産後はプーリーが乳母として面倒をみるという話ができていたのではと思えるほど、すんなりとした対応だったのです。無事にプーリーに授乳を受け入れられたことで、当面の栄養面での心配はなくなりましたが、赤ちゃんゾウは生まれたばかりだし、体の大きさも違うので、ぞう使い二名が二十四時間、交代で見守ることにしました。

私が抱いていた、ズゼが「市原ぞうの国」の仲間と暮らすことによって、もしかしたら育児放棄も直るのではないかという淡い期待は完全に裏切られてしまいました。しかしその後、赤ちゃんゾウは「結希」と名付けられ、乳母のお乳を飲みながらすくすくと育つことになりました。

無事に責任を果たせたことを確信し、ほっと胸をなで下ろすことができました。

上．２頭で仲良く母乳を飲んでます
下右．長年の親友 Dr. プリーチャー
　　と私
下左．早く外で遊びたいな　結希

私は結希の命を守ることに懸命で、夏休みにぞうさんショーデビューを予定していた、りり香のことをすっかり忘れてしまっていたのです。

苦肉の策でぞうさんショーというより、「ゆめりりパフォーマンス」と名付け、ゆめ花、りり香、結希という子ゾウたちの運動場での公開にしました。他で見ることのできない子ゾウたちの可愛らしい動きに、お客様も大喜びしてくださいました。

お客様と触れ合いながら、楽しそうにしているりり香と結希をお姉ちゃんのゆめ花が見守り、それをちょっと離れたところからプーリーが見守るのですが、結希の母親のズゼは「よろしくお願いします」といった具合でした。

そしてズゼは、王子動物園に帰っていきました。

あっという間に一年が過ぎ、翌年の夏休みが終わった九月初頭、二歳になったりり香をプーリーから引き離す、子別れの日を迎えることになります。

子別れの大変さはゆめ花で一度経験していましたが、今回はそのときと事情が違います。なぜならプーリーは、自分が産んだりり香がいてこそ母性を発揮し、結希の育児も引き受けてくれたはずです。

そのりり香を離してしまえば、プーリーは母性を失うだろうし、そんなプーリーにりり香のいない寂しさや哀しみを抱かせたまま、結希の育児を続けさせていいものか、私は思い悩みました。

しかし通常、子別れは子ゾウがメスの場合は二歳くらいがちょうど良いといわれているし、一歳半くらいがいいといわれているオスの結希も、一歳二ヶ月となっていました。結希は、プーリーの母乳

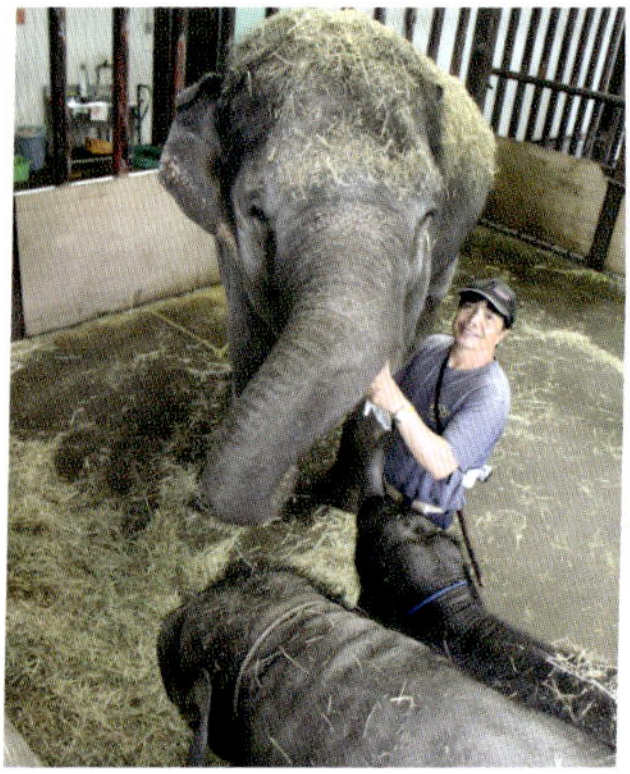

りり香と結希にかこまれた
ぞう使いのデン

と森乳サンワールドさんが開発してくれた人工乳を併用してきたこともあり、結希を人工乳だけでの飼育に切り替えても問題ないと判断し、十月に勝浦に移送して二頭同時に子別れさせることを決めました。

ゆめ花の子別れのときのようにミッキーの力を借りることもなく、りり香は三週間ほど勝浦生活を送ることで無事に市原に戻り、結希は一頭で過ごすことを覚えました。そしてりり香が戻ると、もう絶対に離れないぞーという関係になったわけです。

アーシャー　マミーの安産祈願

○マミーとソラ

プーリーと一緒にインドからやってきたマミーは、何度か受胎を確認することができ、私としてはプーリーとまったく同じ対応をしてきたのですが、残念ながら流産を二回してしまいました。いろいろ原因は考えられましたが、私はマミーの体質と納得するしかありませんでした。

そんな二〇一五年二月、マミーの受胎が再び確認されたのです。

今度こそはという思いもあって、マミーには決して無理をさせることなく、スタッフ全員が細心の注意をはらって見守りました。

そんなスタッフの苦労もあってか、マミーは早期流産の危機を乗り越え、心なしかお腹が大きくなって目立ち始めた頃、再び、出産サポートの依頼が舞い込みました。

豊橋総合動植物公園（のんほいパーク）にブリーディング・ローンとして貸し出されていた、恩賜上野動物園のアーシャーがダーナと交配し、二度目の受胎が確認されたことで、アーシャーの出産サポートを依頼されました。

育児拒否という問題を抱えるズゼの出産サポートを経験し、命を守るということになると周囲が見えなくなり、りり香のぞうさんショーのデビューすら忘れてしまった反省もあり、即答することができませんでした。

しかし恩賜上野動物園のアーシャーは、かつて繁殖のためにタイからノーラメというオスゾウが来日したときに、ダヤーとともに繁殖のために市原に来たことがあるゾウですが、彼女は豊橋に移動させられてから、間接飼育で育てられていました。短い期間でも市原で仲間と過ごせればと思い、結局私は出産時三十九歳というアーシャーの高齢出産サポートを引き受けることにします。

幸い、マミーの妊娠も順調でしたし、仮にアーシャーが育児放棄をした場合、彼女は初産ですから、プーリーのようにアーシャーの赤ちゃんを受け入れられなくても、搾乳は可能だろうと思ったのです。

再び「市原ぞうの国」に来て、仲間と再会したアーシャーは古巣に帰ってきたように喜んでいました。ミッキーたちにしても王子動物園のズゼがきたときとは違い、まるで時間の経過を感じさせぬ自然な態度で、アーシャーを迎え入れました。

恩賜上野動物園、豊橋のんほいパークのスタッフが、たびたび市原に足を運んでくれるなど、さまざまなサポートを受けられたことは、私にとって心強く思えるできごとでした。

そして迎えたゴールデンウィーク前の四月二十九日、いよいよマミーが産気づきました。このとき私は川上獣医（現・群馬サファリパーク園長）と見守っていたのですが、陣痛に苦しむマミーは初産ということもあってか、プーリーとは違って激しく喚き散らしました。そして、その後急に静かになったのです。

翌日、血液検査を行ないましたが、すでにマミーの妊娠兆候は消えていて、それは胎内の赤ちゃんの死を意味していました。

私は豊橋でダーナの子を宿したシャンティというメスゾウが死産となり、母ゾウまでが亡くなったという話を聞いていたので、私の脳裡ではこのままマミーも死んでしまうのではないかという、嫌な予感がよぎったりもしていました。

人間なら帝王切開で赤ちゃんの遺体を取り出すことができますが、ゾウではそうすることもできません。結局、私たち人間はマミーに何をしてあげることもできず、ただ見守るしかなかったのですが、このときに何かとマミーを気遣ってお腹をさすったり、寄り添い、耳元でしきりに話しかけていたのがアーシャーでした。そんなアーシャーの素晴らしいサポート受けたマミーでしたが、五月二日の夜中、死産という哀しい形で出産の終りを迎えてしまったのです。

そのときのゾウ舎はいままで経験したことのない静けさに包まれ、スタッフや娘、ぞう使いのすすり泣きが聞こえていました。

遺体で産み落とされた赤ちゃんは体重百四十キロのオスでした。私は頭の中が真っ白になったまま、ゴールデンウィークでお客様の対応に追われ続けることで忘れようとしていましたが、そう簡単なことではありませんでした。

アジアゾウが絶滅危惧種となった以上、動物園でアジアゾウに関わる人間が繁殖しようと思うのは当然のことと思います。

しかしゾウは難産で苦しんでいようが、胎内の赤ちゃんの死亡がわかっていても帝王切開はできず、母ゾウの死のリスクがともなう自然分娩に任せるしかないのです。

動物園で交尾をしても、結局、後はすべて母ゾウまかせになってしまうのなら、

「ゾウの繁殖をしましょう」

なんて、軽々しく口にしていいのでしょうか。

ゾウを展示するだけなら、メスゾウではなく、群れを作らないオスゾウを一頭だけ展示するべきではないでしょうか？

マミーの死産は、改めて考えさせられるできごとであり、出産の経験をしたことで、マミーがアーシャーと強い絆で結ばれたことと、マミーが死なずにすんだことがせめてもの救いでした。

マミーに寄り添うアーシャー　4月30日

○アーシャーとラージャ元気

マミーの死産はショックでしたが、いつまでもくよくよしているわけにはいきませんでした。なぜなら、マミーに寄り添って献身的にサポートしてくれたアーシャーの出産が控えていたからです。

マミーの死産から五ヶ月が過ぎて十月になると、いよいよアーシャーの陣痛が始まりました。

陣痛の痛みに耐えるアーシャー、優しく見守るマミー……。

なかなか生まれてこない。

人間なら帝王切開という選択肢もありますが、ゾウの場合、帝王切開は子供の命を救い、母親の命をあきらめる覚悟が必要なのです。アーシャーは三十九歳と高齢でしたから、その苦しみ方も尋常ではなく、原因はわかりませんが、プーリーに比べるとズゼもアーシャーも、お産の重いゾウと考えるしかありませんでした。

野生動物の本能であれば、どんなにお産が重かろうが産み落とした子に危害を加えたり、育児放棄することなどあるのでしょうか。しかし長い間動物園で育ち、仲間のゾウの妊娠・出産・育児を知らなかったズゼは、出産の激痛に耐えきれず、この子のせいで酷い目に遭ったという思いが、赤ちゃんへの攻撃や育児放棄に繋がっているのではないのかと私は考えていました。

アーシャーが育児放棄したときには、プーリーに薬（オキシトシン）を与えれば、お乳が出るようになりますが、注射は流産を誘発する危険があります。

このときすでに、プーリーの第三子妊娠が確認されていたのです。

タイでは母ゾウが出産で亡くなったりしたとき、最近では乳飲み子に、ヤギのお乳を与えて育てています。

私も沖縄からヤギのお乳を三ヶ月分取り寄せて冷凍保存していました。

生後 21 日目　やさしく見守るアーシャー　母乳は出ません

そしていよいよ二〇一六年十月二十七日、アーシャーは後に「ラージャ元気」と名付けられるオスゾウを出産します。しかし生まれたアーシャーの子ゾウは、脚、鼻は真っ白で、横たわったままぴくりとも動きません。鼻を上げることも、自分で立ち上がることもできませんでした。

母親のアーシャーも体調が悪そうで、自分で立ち上がらない我が子に気遣うこともありません。

動物園のスタッフは口にこそ出しませんが、「またダメか」というあきらめの空気が蔓延する中、アーシャーからなんとか初乳を搾乳して与え、八人体制で血流を良くするためのマッサージや酸素吸入、点滴など、考え得る救命措置を行ないました。

そして十四時間後の夕方、赤ちゃんゾウはついに自力で立ち上がれるようになったのです。

マミーのときには死産で何もしてあげられませんでしたが、アーシャーが産んだ赤ちゃんの命は間違いなくそのとき、私たち人間が救ったものでした。とはいえアーシャーは高齢のためかお乳の出が悪く、やはり人間の手で人工授乳させるしかない状況でした。

そうなると、問題はお乳です。かつてズゼの赤ちゃん・モモとオウジ、アーシャーの赤ちゃん・マーラは、カナダ産の人工乳で育てられ、骨折が原因で亡くなっています。

私は園内にいるヤギの新鮮なお乳を搾り、七月から用意しておいた沖縄のヤギのお乳も解凍しました。

幸いなことに元気は、ヤギのお乳を抵抗なく飲んでくれました。

母乳で育ったプーリーの子供たちが黒っぽい便をしたのに比べると、元気の白色の便は気になりましたが、下痢をすることはあ

ヤギとぞう使いのヤンディさん

りませんでした。

最初のうちは二、三リットルでしたが、成長するにしたがって粉ミルクを少しずつ増やし、七ヶ月目には、バナナを六本と半分おもゆを混ぜてミキサー（ちなみに大量のおもゆをミキサーにかけるので、あっという間に壊れてしまい現在は五台目です）にかけたものを五月には、一日二十五リットルも飲むようになりました。

それでも一度だけ、下痢になってしまったことがあります。原因はわからないので、大人のゾウが腹痛のときに使うヤマモモの葉と茎を煎じたものを与え、おもゆのみにし、その後ヤギのお乳百パーセントにしたところ、下痢は治りました。

バナナとおもゆ、粉ミルクを混ぜたヤギのお乳は、また一からブレンドのやり直しです。

私は自分の性格もあるのですが、現在、元気に与えるミルクは一日三十五リットルで、毎日二時間近くかけ、自分で作ることにしています。

これは、結果として元気はお母さんのアーシャーに育ててもらえず、人工哺育になってし

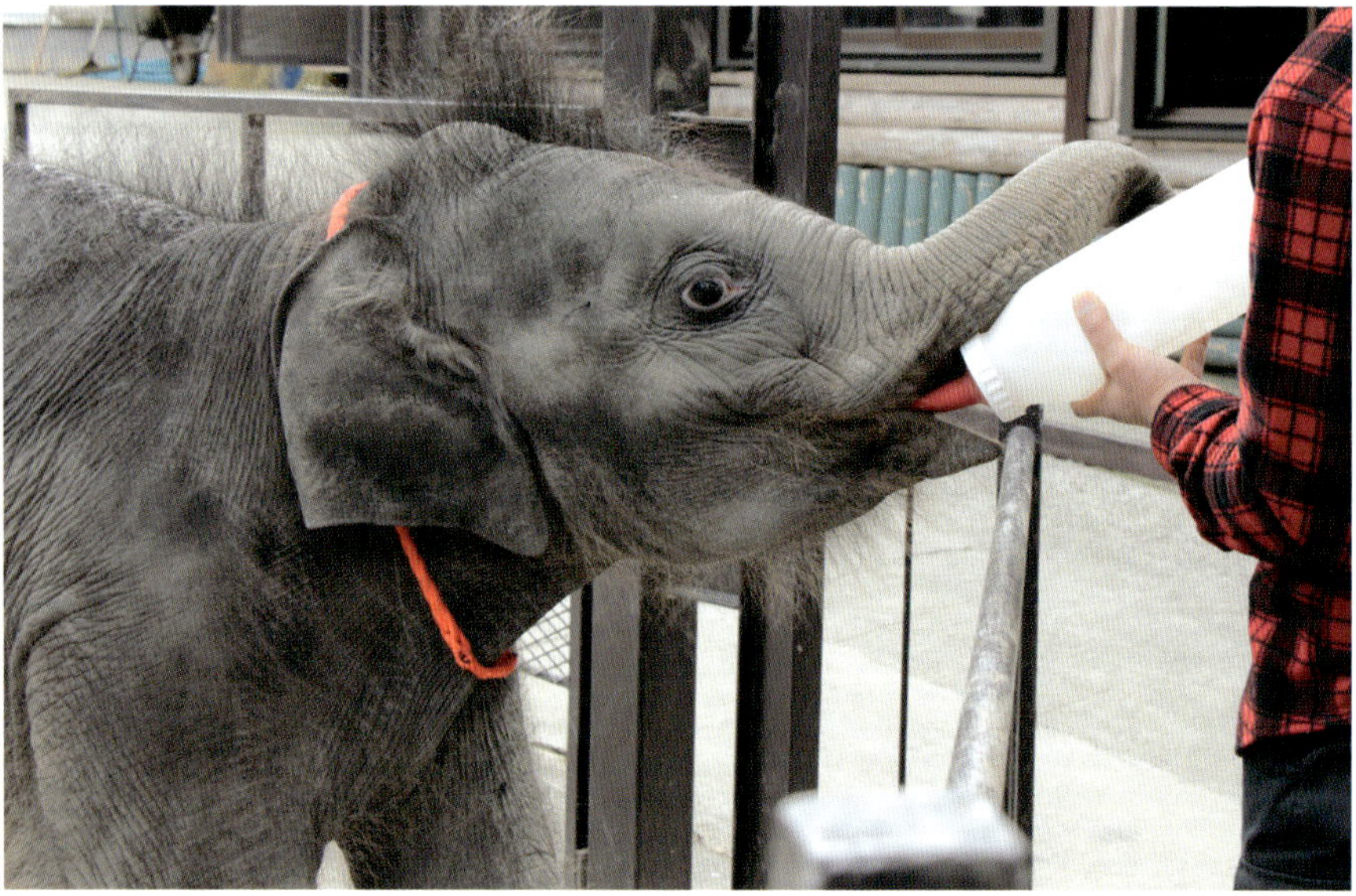

授乳中　幸せな元気くん

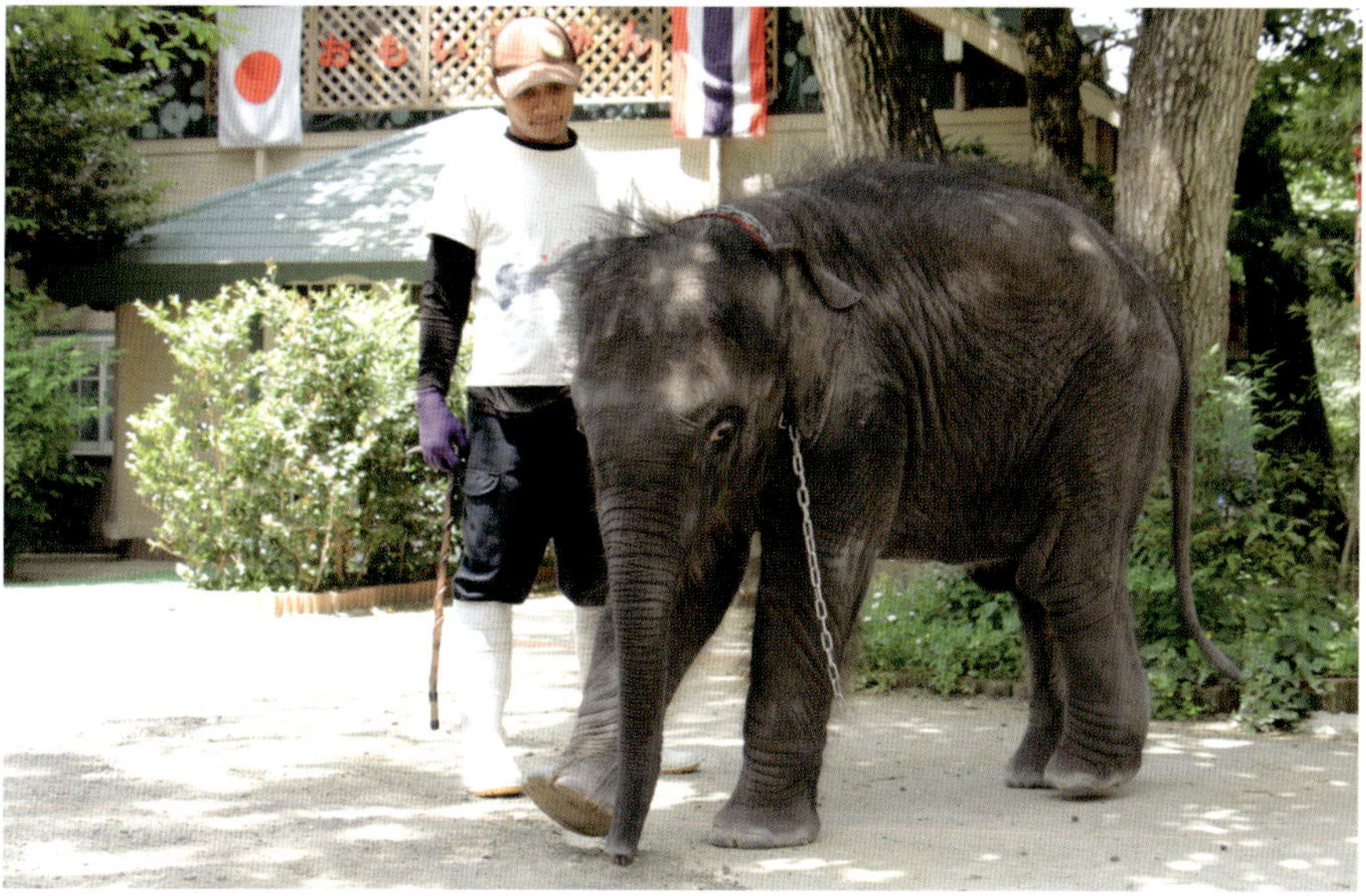

上 . りり香お姉ちゃん　結希お兄ちゃん　元気　ぞうはぞう同士でね
下 . ラージャ元気とぞう使いのアーチ

まったけれど、万が一のことが起きたときに、他人に責任を押しつけるようなことをしたくないし、きちんと責任をまっとうし、人工飼育に成功したと胸を張って言いたいからです。

それにしてもいっぱいヤギを飼育していてよかった。ヤギの子供には人間用粉ミルクを与えることになってしまい、「市原ぞうの国」ではいまでもたくさんのヤギが増え続けています。

○直接飼育、間接飼育、準間接飼育

三十四年前にミッキーと暮らし始めたことで、私とゾウの関係は本格的に始まりました。

当時から比べると日本にいるゾウを取り巻く環境は、かなり改善されているとは思いますが、日本での出産例（下表参照）も珍しくなくなり、日本での繁殖が可能とい

子ゾウ名	
モモ	8ヶ月で骨折　2005年4月25日(1歳1ヶ月)死亡
ゆめ花	直接飼育　生育
オウジ	13ヶ月で骨折　2012年4月7日(4歳5ヶ月)死亡
マーラ	17ヶ月で骨折　2017年8月13日(5歳11ヶ月)死亡
ガーム	直接飼育　生育
さくら	直接飼育　生育
チョイ	直接飼育　生育（現在はフジサファリパークにいます）
りり香	直接飼育　生育
結希（ゆうき）	直接飼育　乳母による生育
琉美（ルビ）	直接飼育　生育
ラージャ元気	ヤギの生乳・おもゆ・煮バナナで生育中

えるようになった現在だからこそ、考えなければいけないことがあると思います。

それは本書でも再三触れている、飼育方法の問題です。

日本の動物園のアジアゾウ展示の歴史は、一八八八年五月二十五日にシャム国（現タイ国）皇帝からおくられたオスゾウを恩賜上野動物園で展示したことに始まります。

以来、日本の動物園では、それぞれの動物園の事情で飼育方法が選ばれてきましたが、飼育方法を大別すると、直接飼育、間接飼育、準間接飼育の三種類があります。

直接飼育とは「市原ぞうの国」で行なわれている飼育法で、調教師・飼育員が常にゾウに接しながら飼育する方法です。

それに対して間接飼育とは、調教師・飼育員がまったくゾウに触れることなく飼育する方法です。

最後の準間接飼育は、ある程度、調教師・

アジアゾウ出産成功事例（2017 年 9 月現在）

出産年月日	施設名 (母ゾウ名、出産時年齢)	出産時
2004年3月2日	王子動物園（ズゼ13歳）	人工哺育
2007年5月3日	市原ぞうの国（プーリー16歳）	自然哺育
2007年10月21日	王子動物園（ズゼ17歳）	人工哺育
2011年9月17日	豊橋動植物園（アーシャー34歳）	人工哺育
2012年10月14日	富士サファリパーク（テム18歳）	自然哺育
2013年1月29日	東山動物園（アヌラ11歳）	自然哺育
2013年5月26日	九州サファリパーク（ブンミー16歳）	介添→自然哺育
2013年9月3日	市原ぞうの国（プーリー22歳）	自然哺育
2014年6月12日	市原ぞうの国（ズゼ24歳※王子動物園）	自然哺育
2015年3月４日	沖縄こどもの国（リュウカ13歳）	自然哺育
2016年10月27日	市原ぞうの国（アーシャー39歳※上野動物園）	人工哺育

飼育員が接しながら飼育する方法で、ターゲットトレーニングといって、健康維持のために必要な耳の裏にある血管からの採血や、オリの外から脚に鎖でロックできるように調教することも含まれます。

しかしここで考えたいのは、日本に輸入されるほとんどのアジアゾウは、それまでぞう使いによって人間のいうことを聞くように訓練され、直接飼育されてきているということです。

ではそういうゾウたちをなぜ、間接飼育にしなければならないのかというと、それは人間側の都合にすぎません。まずよくいわれる理由は、人間の手が加わらない、より自然に近い環境で飼育し、より自然に近い姿を展示するということです。

私はその考え方に反対しないし、多くの動物園が生態展示のための努力をすることは大切なことです。しかし、クジラやシャチ、ジンベエザメを飼育、展示できる水族館が限られているように、地上最大の生物で、母系の群れで生活し、一日数十キロもエサを求めて移動するアジアゾウを自然に近い形で飼育、展示するには、それなりのスペースが用意されていることが前提だと思います。

ゾウを扱う動物園の多くが抱える本当の問題は、経済的な事情にあると思います。

アジアゾウを直接飼育するためには、まず広いスペースが必要で、莫大なエサ代がかかる上に、専属の飼育係を雇わなければなりません。

ぞう使いを雇うとすれば外国人ですから、場合によっては通訳を雇わなければならないし、そういった人々の住居まで用意しなければなりません。私がここまでやってこられたのは、良いぞう使いに恵まれ、哲夢の言葉に支えられ、良いゾウに恵まれたということしかないのです。

何年かに一度、ゾウが引き起こした人身事故が報道されます。

報道だけ見ていると、ゾウが突然暴れだしたように思えますが、ほとんどの場合において、偶然か人為的なミス、または人間の油断が原因なのです。どんなに丁寧に調教されていたとしても、ゾウはあの巨体の上

＜日本国内における戦後のゾウの個体数の変化＞

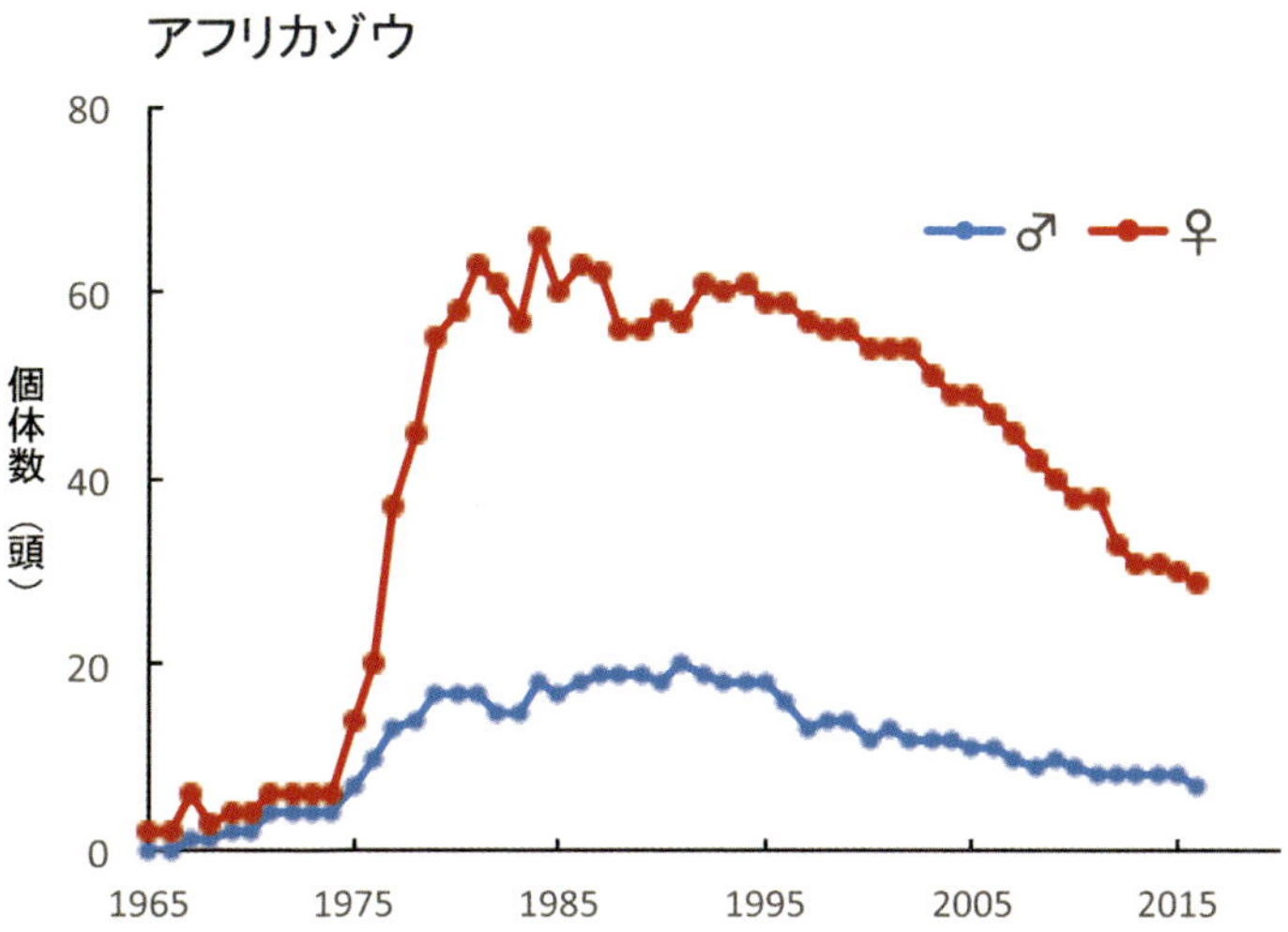

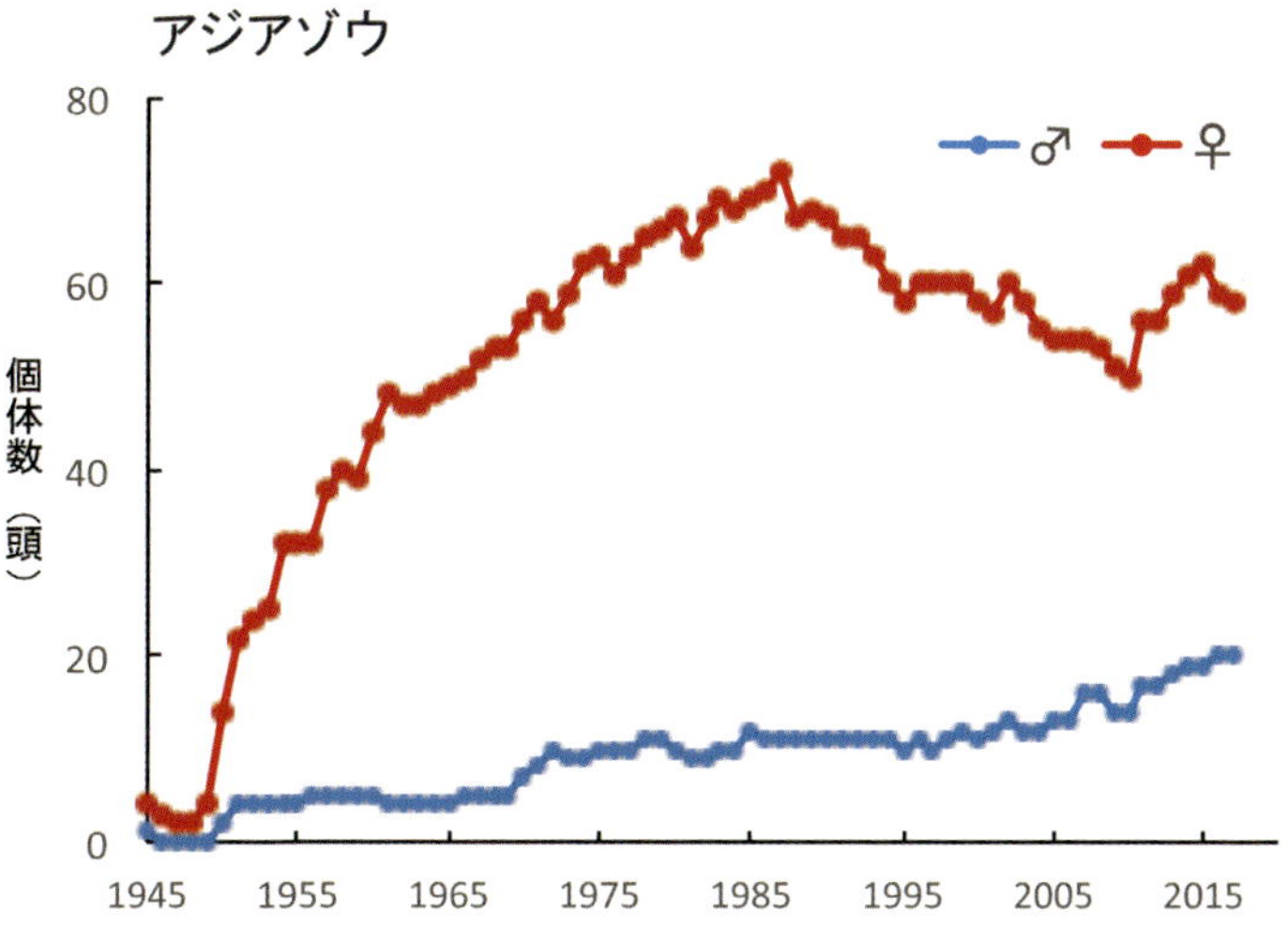

に怪力の動物ですから、ゾウを飼育するということは、ちょっと触れただけでも、打ち所が悪ければ亡くなってしまうというリスクを抱えることなのです。

そういう意味でいうと、間接飼育にすればリスクを回避できることは確かです。

どうしてゾウを展示しなければならないのか?。

動物園を訪れるお客様の多くは、ゾウを見ることを楽しみにされているし、アメリカの有名サーカスが解散になったのも、ゾウのショーができなくなって入場者が激減したことが原因といわれるように、ゾウには入場料収入につながる集客力があるのです。一方、動物園の存在理由の「種の保存」も、大切な業務です。

これまでに動物園では人工授精、自然交配にかかわらず、さまざまな動物の繁殖に成功しています。

幸い、日本では多くの動物園でメスゾウを飼育してきた歴史があり、現在も多くのメスゾウが飼育されていて、新たにオスゾウも一緒に飼育することで、自然交配による繁殖をしようという動物園もあります。

私は「市原ぞうの国」での繁殖実績から、いろいろなことでサポートをさせていただきましたが、本書でも紹介したように、死産や母ゾウの育児放棄などを経験してきたことで、日本の動物園には繁殖を考える前に、改善しなければならない課題がいくつもあることに気付きました。

そしてその最大の課題が、環境を含めた飼育法なのです。原産国では考えられない確率で、メスゾウにまったく関心を示さないオスゾウや、オスゾウを受け付けないメスゾウ、出産はしても育児を放棄してしまうメスゾウが発生してしまう原因を究明するべきだし、その上での対応策を講じる必要があるのです。

単に繁殖だけを目的とするなら、海外のように人工授精で強制的に繁殖を行なう方法もありますが、発表されているのはわずかな成功例だけで、その裏には死産や母親まで亡くなるといった失敗例が、さぞかしあるのだろうと思います。

ウシでは大成功している人工授精ですが、知能が高く、二年近い長期の妊娠期間を要するゾウにおいて、ウシと同様の結果を得られるとは思えないし、それは人間がゾウの気持ちを考えない手段だと思っています。何度もいいますが、メスゾウではなく群れを作らないオスゾウを飼育するべきだと思います。オスゾウは発情期になると気性が荒くなります。つまり見方によっては、危険な猛獣になるわけですから、経費がかからなくて、飼育係が安全な間接飼育にしても目的は達せられます。

しかし展示と繁殖を目的にメスゾウを飼育するなら、経済的な負担は覚悟の上で、それまでに彼女が過ごしていた直接飼育の環境に近いものを、絶対に維持するべきだと思います。

とはいえ現実を考えると、日本にいるゾウたちには、それぞれの飼育環境、そして繁殖、さらにいえば老後の対策など、人間が解決しなければならない問題が山積しています。

それを解決するには、私たちゾウに関わる者たちの意識改革が大切だし、国や地方自治体の理解はもちろん、日動水をはじめとする関連団体のさらなる協力と連携がなければ、日本にいるゾウたちの環境を変えることは難しいのです。

「市原ぞうの国」は、素人が動物たちの生きがいと幸せを思って始めた、小さな私立の動物園ですが、本書に紹介した二十八頭のゾウたちとの関わりを通じ、私は多くのことを学ぶことができました。

そして二〇一八年の夏にはプーリーが、二〇一九年にはマミーが出産する予定です。

開園三十周年を迎える年に、ついに三十頭のゾウと関わりを持つことになるのです。

自分の運命をしっかりと受け止め、たくさんのことを教えてくれたゾウたちへの恩返しとして、できる限り頑張りたいと思っています。

暮らす一年

ゾウさんはしゃぼん玉も上手
(写真左よりミニスター、テリー、ランディ)

ゆめ花のお誕生日

結希のお誕生日

雪の中で
(写真左よりランディ、ミッキー、ミニスター)

節分にはゾウさんも豆まき
(写真中央はミニスター)

満開の桜の下で、お客様と

ゾウたちと

ゾウさんたちの語らいのひと時

暑い夏にぴったり！ ゾウさんシャワー

ゾウさんの七五三（写真はりり香のお祝い）

海辺でゆっくり……。ゾウさんもひと休み

ゾウさんサンタとクリスマス
（写真左より洋子、ランディ）

りり香のお誕生日

世界一 ゆめ花

絵を描くゾウ

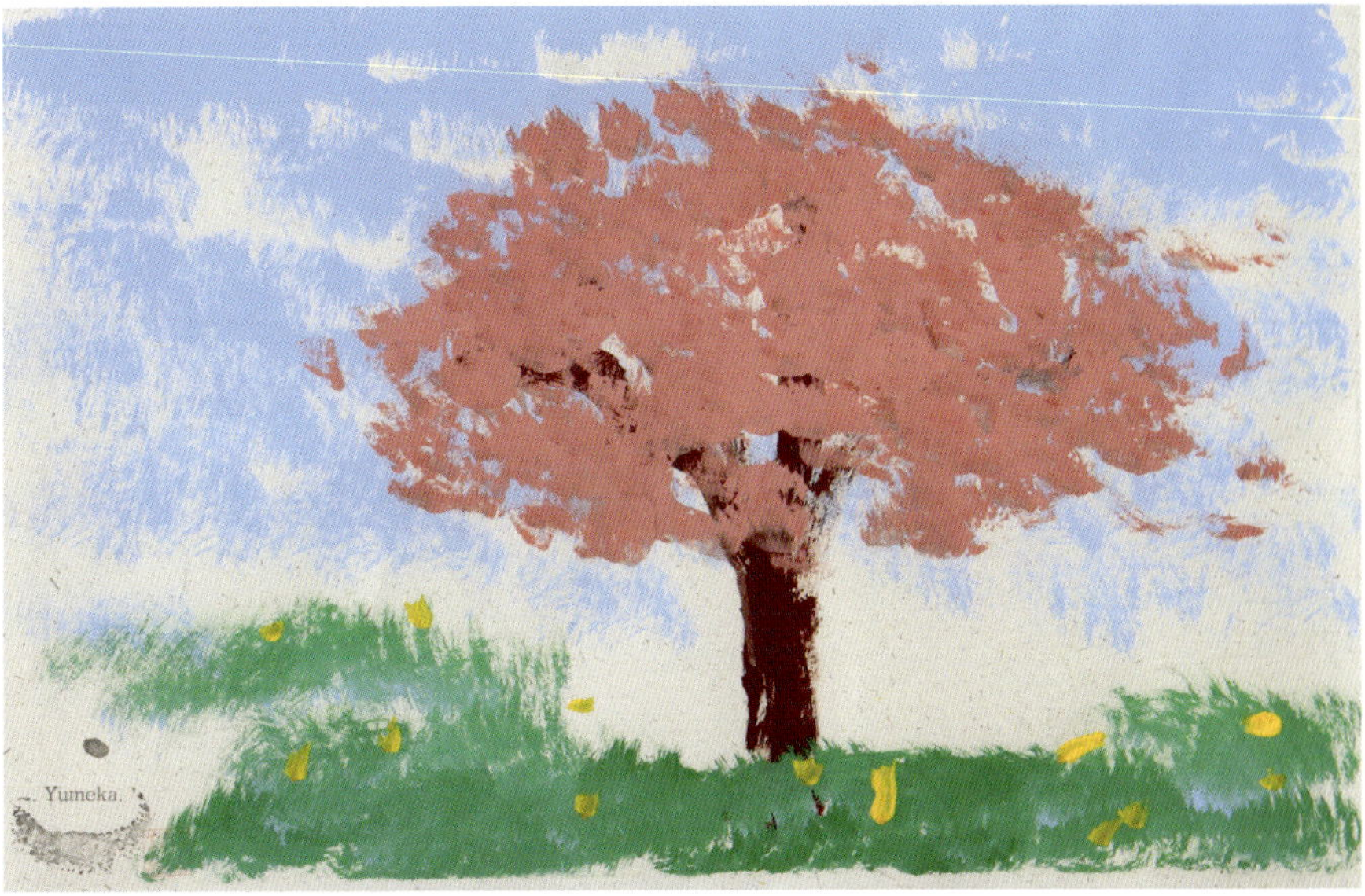
Yumeka.

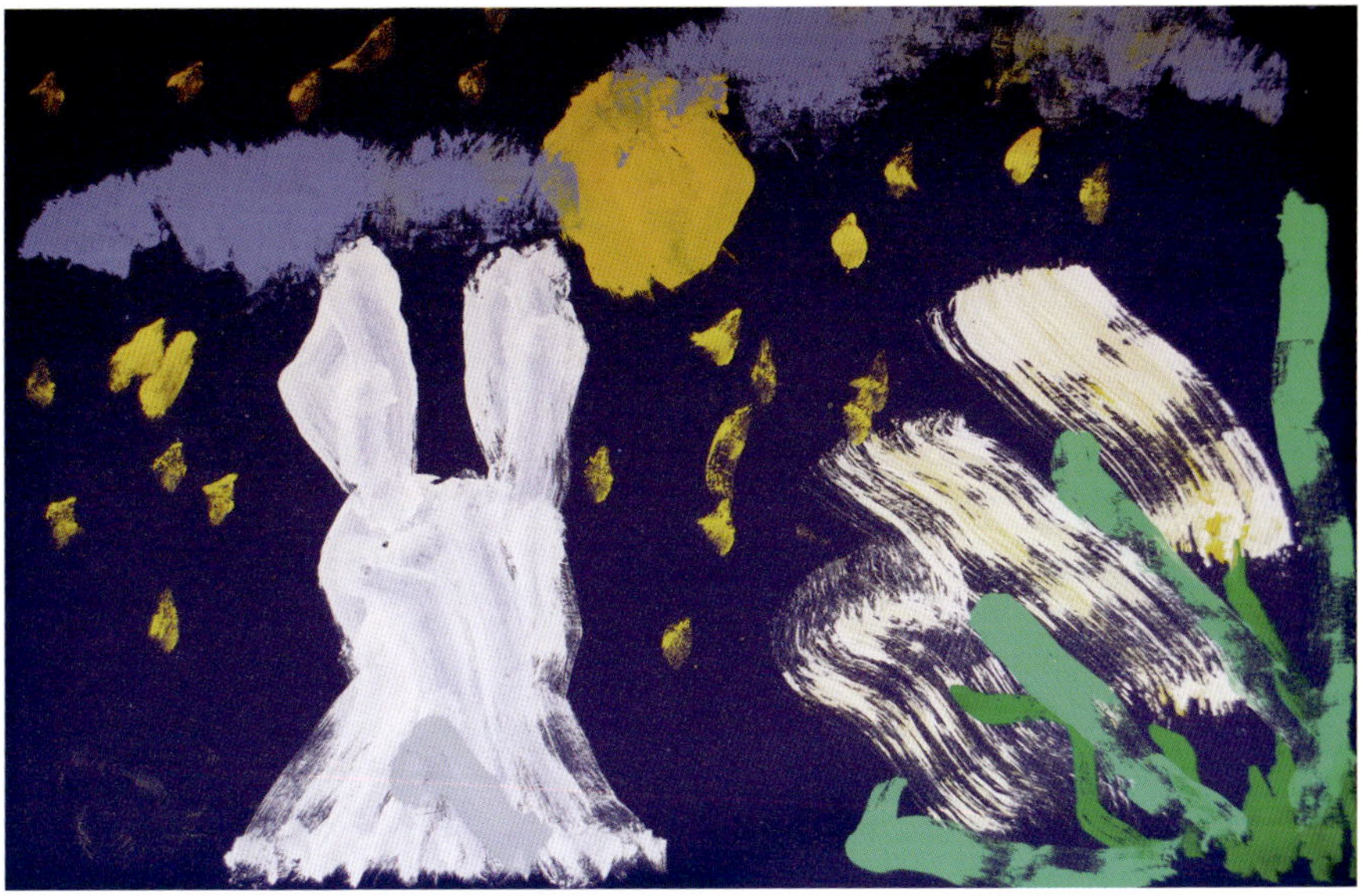

あとがきにかえて

○私のパートナー・チー

私が関わりを持った二十八頭のゾウとの物語をご紹介することができましたが、最後はゾウから離れ、忘れ得ぬネコについてご紹介しましょう。

二〇〇二年、アメリカで妹を見つけたことで力を得て帰国した私は、翌二〇〇三年一月二日、正月早々にもかかわらず園長室の階段で転倒し、膝のお皿を複雑骨折してしまいました。

ドクターヘリで鴨川市にある亀田総合病院に搬送されて手術を受け、私は生まれて初めての骨折で、三週間の入院をすることになりました。入院、リハビリ、退院、そして膝に埋め込んだピンが抜けたのは十ヶ月後のことでした。

その間、ずっと私を支えてくれた家族やスタッフには、いまでも感謝の気持ちで一杯です。入院中には常にたくさんの花が飾られ、現在では珍しくもありませんが、動いて鳴くリアルなネコのおもちゃのプレゼントには、医師の先生も看護師さんも本物と間違えて、腰が抜けるほど驚いていました。病院では私が退院した後も、みんなでそのときの話をしては大笑いしていたそうです。

その年の七月、建設が進む「楽園」の様子を見に行きました。杖をつきながら建設現場を確認して、ここにあれを建てよう、ここに木を植えて花壇にしようといった具合に、現場の責任者と打ち合わせをしながら歩いていると、小さな白いネコが一匹、私を追いかけてきました。

私は「ゾウ好き」で通っていますが、幼い頃からネコを飼い続けてきた筋金入りの「ネコ好き」です。このネコを一目で気に入り、その場で「チー」と名付けて飼うことを決めました。

私は多くの動物たちと出会ってきましたが、ネコは不思議な縁を感じる動物なのです。しかも縁を感じるネコはなぜか野良ネコが多く、そんな中からテレビや雑誌で引っ張りダコになったネコもいます。哲夢が亡くなったときも、ネコと一緒に仕事場に向かう途中でした。

チーを飼うことを決め、勝浦のマンションに連れていき、それ以来毎日、クルマでの通勤も、園長室でも、いつも私と一緒でした。

これまでにたくさんのネコを見てきましたが、チーは不思議なネコでした。

例えば園長室から園内散歩に出かけようとするチーに、

「今日はエステを予約しているから二時には戻ってきてね」

というと、しっかり一時頃には園長室に戻ってくるのです。そしてエステに行っている間、二時間ほどクルマの中でおとなしく待っていました。

それから、飛び抜けた偏食ネコでした。刺身も嫌い、既成のキャットフードも特定の銘柄しか口にせず、大好物はハムにチーズにカニに青魚の焼き物。晩年には牛肉のステーキも好んで食べていました。

私は前夫との離婚を機に、亡くなった息子哲夢の「日本にいるゾウを幸福にしたい」という遺志を継ぎ、日本一多くのゾウを飼育する「市原ぞうの国」の園長として、モデル、動物プロダクションに続く第三の人生を歩み始めました。

実務としては離婚前と大きな違いはないのですが、経営者として判断し、決断し、実行し、そして責任を負うという立場の違いと多忙さに、さすがの私も疲れ果ててしまったり夢を実現しようにも思うようにことは進まず、見えていたはずの道も見失うこともありました。

それでもアメリカで妹に会い、「ようし、もう一度、頑張ろう」と思った矢先、骨折して三週間の入院で、機先を削がれる始末だったのです。そんな私がチーとの出会いによって、弱音、不満、疑問、愚痴を彼に吐き出すことができるようになり、癒されるようになると、不思議と力が湧き、空回りもしなくなり始め、私の人生が劇的な変化を見せるようになったのです。

アキ子とキク子の引き取り、二冊の本の上梓、そして『星になった少年』の映画化、アジアゾウの出産、「勝浦ぞうの楽園」の開園、「サユリワールド」の開園と、不思議なことに私が計画していたことや、思いもよらなかったことがことごとく実現し、人生が好転していったことを考えると、チーは私にとって「招き猫」だったのです。

もっとも、動物好きでペットを飼われている人の中には、不思議な経験をされた方も多いと思います。しかしそれは気のせいだと思うし、ネコに限らず、動物にそんな能力があるはずがありません。ペットを飼うことで、飼い主の心理状態が良好になり、それが言動に影響しただけのことだと思います。

そんな私のチーも、昨年の暮れあたりから少し痩せ始めて様子がおかしくなり、元気がなくなりました。

今年の初め、お腹に腫瘍が見つかり、群馬サファリパークの園長の川上先生に手術をお願いしました。術後は見る見る毛づやも良くなり、痩せ細った体もふっくらとしました。しかし、五月の末になると、再び様子がおかしくなり、六月に二度目の開腹手術をお願いしました。しかし状況は最悪で、十五歳になった七月十五日、この本の完成を見ぬままこの世を去りました。

チーを失った寂しさは例えようもなく、何をするにも気力が湧いてこないのです。

私はクルマの運転中も、ネコが落ちていないかなと目を皿にしてしまいます。なぜなら、チーはもう少ししたら、私の前に別のネコになって、必ず帰ってきてくれると信じているからです。

——チーちゃん、私の力になってくれてありがとう。そしていつの日か、私が骨になったとき、哲夢と三人でオーストラリアの海にまいてもらおうね。

新盆の提灯を飾り、花の絶えない仏壇に、毎日、帰宅するたびに「ただいま」と声をかけます。そして聞こえるはずのない「ニャー」という声を聞いています。　合掌

◉ゾウさんの健康管理
＜レントゲン＞

健康管理に欠かせない医療器具といえばレントゲンです。昔はゾウの巨体を撮影できるレントゲンなどありませんでしたが、最近は写真のゾウが足を載せている透明な箱のように小型化されています。「市原ぞうの国」では、この機械を使って子ゾウの仮骨の発達などを定期的に撮影し、健康管理に役立てています。

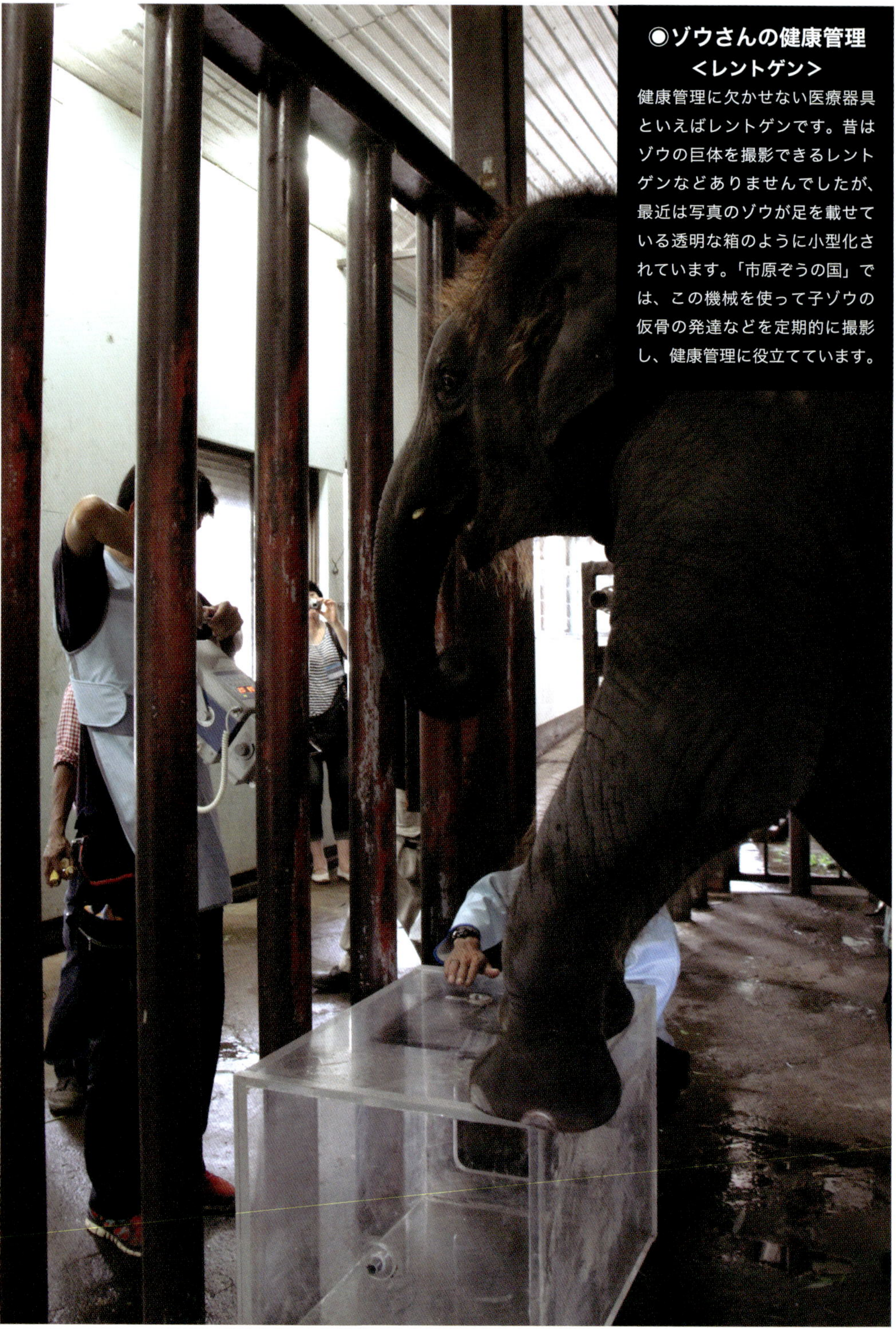

◉ゾウさんの健康管理

＜超音波検査＞

「市原ぞうの国」で繁殖を行なった頃は「エコー」と呼ばれる超音波検査機も無く、妊娠の有無を血液検査に頼っていました。そのために正確な診断ができず、誤診したりしました。現在では写真のような超音波検査により、お母さんゾウのおなかにいる胎児を確認しながら成長を見守る事ができるようになりました。

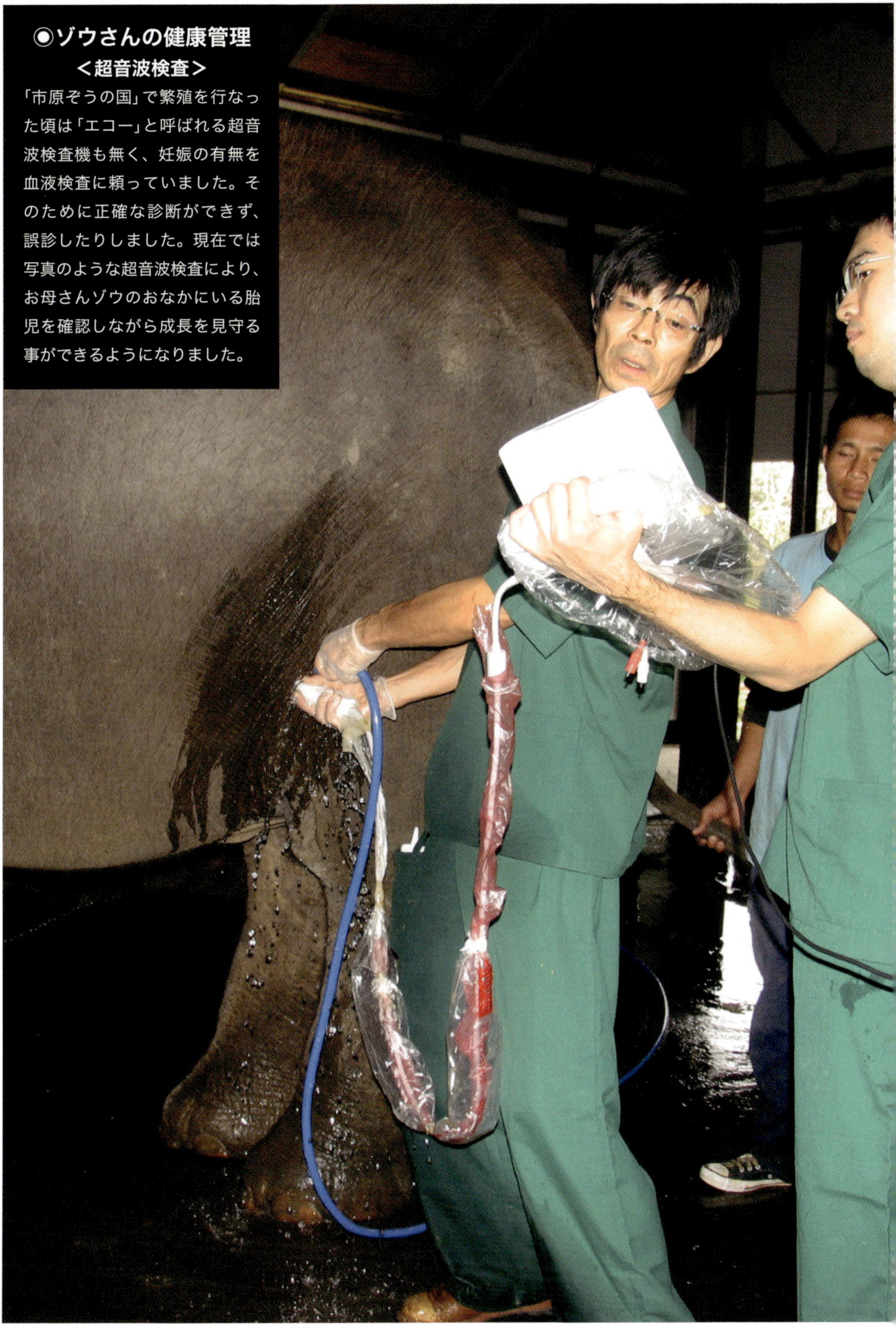

◉ゾウさんの健康管理
＜注射＞

ゾウは巨体で皮膚も厚いために、太い注射針や巨大な注射器を想像している人が多いようです。しかしゾウの耳の裏や脚の付け根などは皮膚が柔らかく、注射の場合は写真のように耳の裏に浮き出た血管に注射するので、ごく普通の人間用注射器が使われています。栄養剤の点滴なども、耳の裏の血管から行ないます。

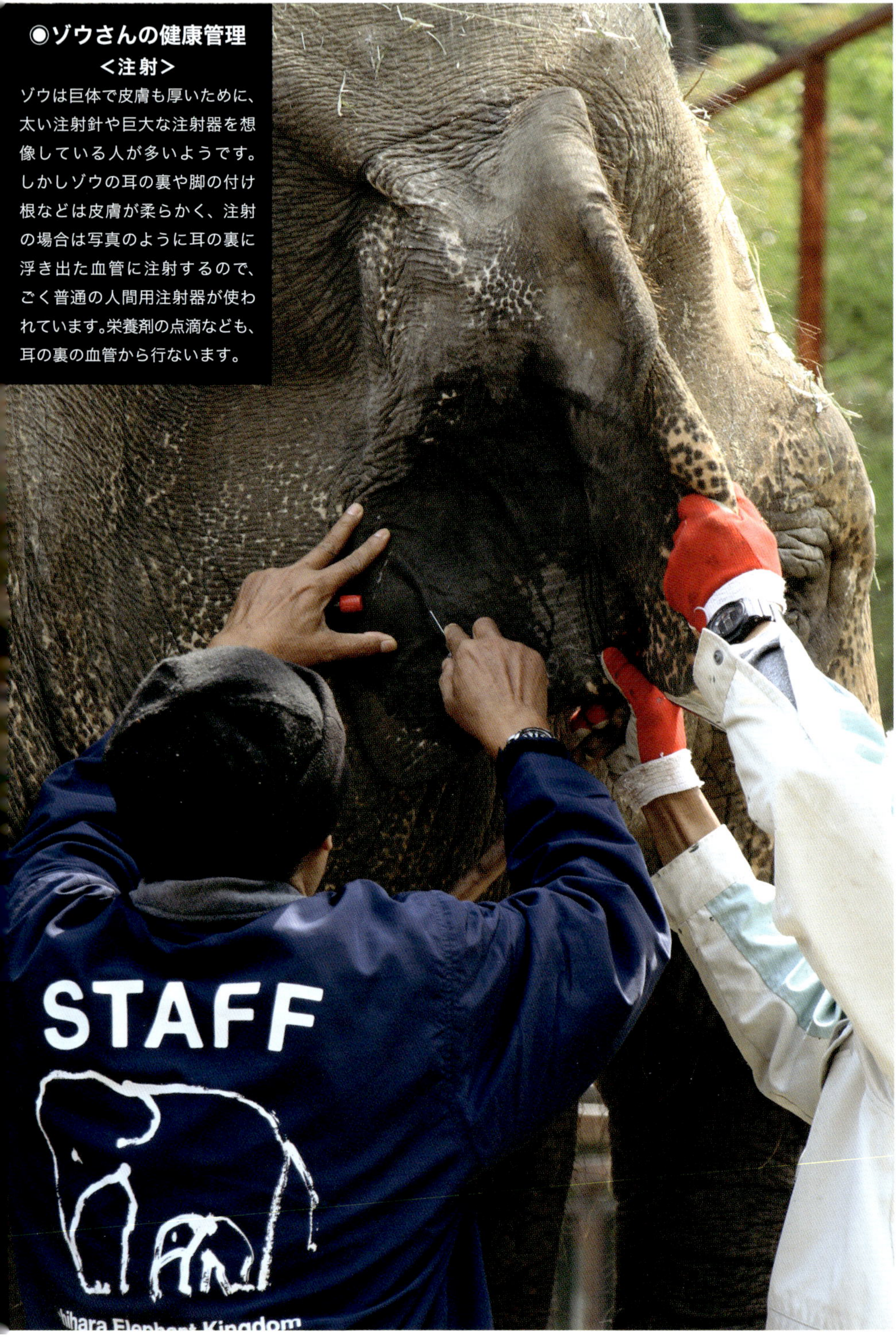

協　力　一般財団法人 小林理学研究所
参考文献　『象の物語』(創元社)

坂本小百合（さかもと・さゆり）

1949年、神奈川県生まれ。「勝浦ぞうの楽園」「市原ぞうの国」「サユリワールド」園長。アメリカ人の父と日本人の母を持ち、高校卒業後、「明石リタ」としてファッションモデルに。29歳の時に再婚、動物プロダクションの経営を始める。日産マーチのCMのデブ猫アサシオや「オレたちひょうきん族」の牛の吉田君等、数々のスター動物を誕生させた。'89年にぞうに乗れる動物園「山小川ファーム動物クラブ」（現・市原ぞうの国）を開園した。

市原ぞうの国　公式HP：http://www.zounokuni.com

私《わたし》に触《ふ》れたぞうたち

2017年11月5日　初版1刷発行

著者　坂本小百合《さかもとさゆり》
発行者　田邉浩司
発行所　株式会社 光文社
〒112-8011　東京都文京区音羽1-16-6
電話　編集部 03-5395-8172　書籍販売部 03-5395-8116　業務部 03-5395-8125
メール　non@kobunsha.com
落丁本・乱丁本は業務部へご連絡くだされば、お取り替えいたします。
組版　近代美術
印刷所　近代美術
製本所　榎本製本

ISBN978-4-334-97959-1　Printed in Japan